浪花朵朵

DEYROLLE

戴罗勒
自然科学课

1

法国戴罗勒之家　著
马由冰　译

海峡出版发行集团 | 海峡书局
THE STRAITS PUBLISHING & DISTRIBUTING GROUP

戴罗勒之家由让－巴蒂斯特·戴罗勒先生于 1831 年创立，一直致力于通过观察记录自然事物向大众传播知识。戴罗勒之家起初将工作重心放在标本学和昆虫学的研究上，后来逐步开展出版活动，为在校学生出版了众多科教博物画。在这些博物画的帮助下，一代又一代的法国学生学习了动物学和植物学的有关知识，探索了物理的奥秘，认识了人体的基本结构……戴罗勒之家出版的博物画主题多样。从绘有日常生活图景的“直观教学课”系列博物画，到介绍家养动物、野生动物、各类植物、光学和化学知识的博物画，都帮助人们增长了知识，充实了自我。戴罗勒系列博物画以严谨精确的内容和美观大方的绘图闻名，已在世界各地得到广泛使用。时至今日，这些博物画依然具有很高的教育和审美价值。事实证明，戴罗勒之家所秉持的“通过图画进行教学”的理念切实有效地做到了寓教于乐。

路易·阿尔贝·德·布罗伊

戴罗勒之家主席

目　录

牛是一种家养哺乳动物，人们为了牛肉和牛奶而饲养它们。法国约有 38 种牛，大部分都来自特定的地区。人们通过杂交创造出了新的品种，部分原有品种则被产奶量更高的牛淘汰。

牛

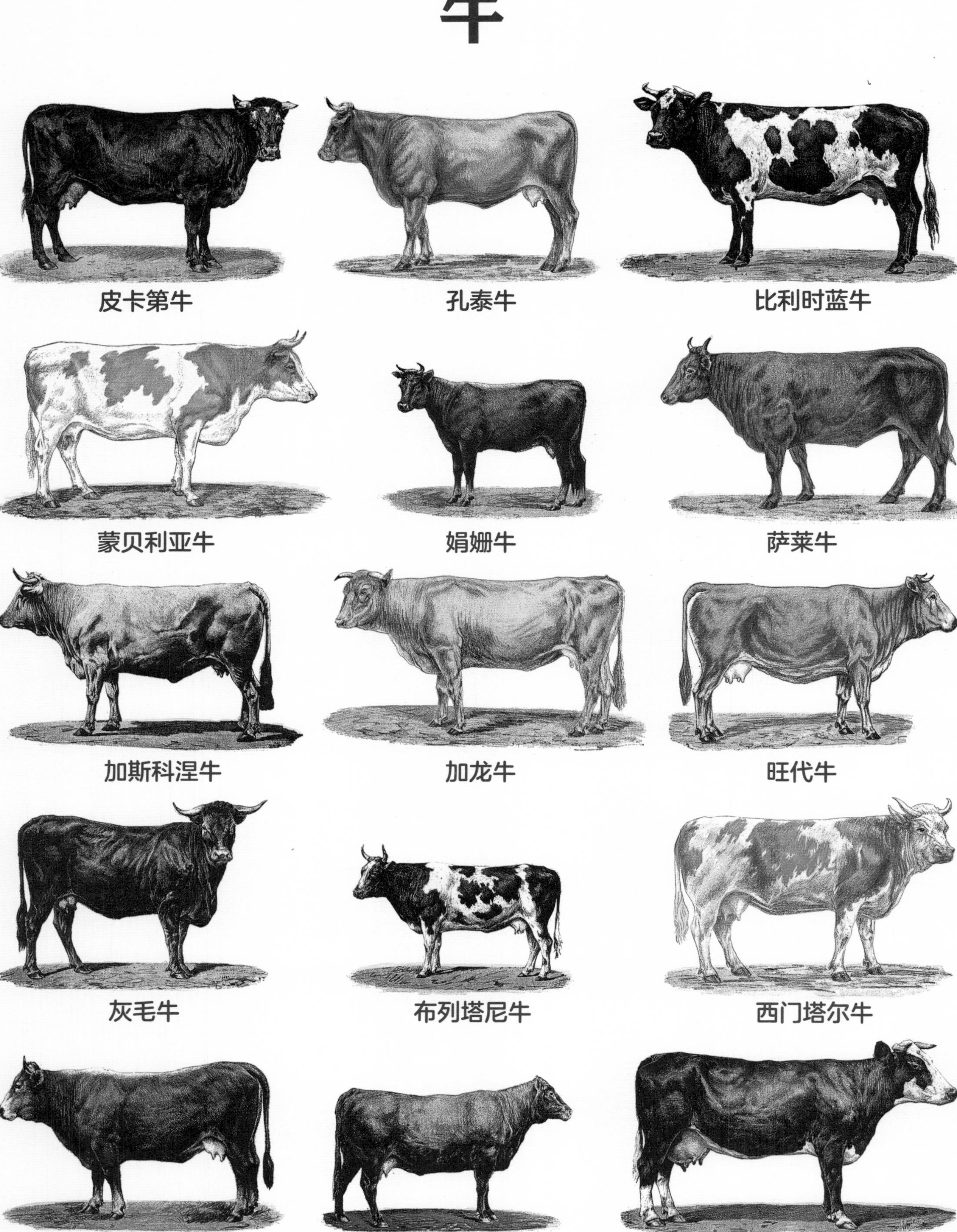

皮卡第牛
孔泰牛
比利时蓝牛
蒙贝利亚牛
娟姗牛
萨莱牛
加斯科涅牛
加龙牛
旺代牛
灰毛牛
布列塔尼牛
西门塔尔牛
瑞士褐牛
安格斯牛
荷斯坦牛

有些品种的牛每天最多能产 50 升奶！

在牧场

请仔细阅读剪影上的说明，将书后的贴纸贴到对应的剪影上。

剪影中的牛有奶牛奶，也有肉牛肉，还有现在已经消失的牛无，请试着分辨它们并圈出对应的字。

1 其实大家更熟悉我的另一个名字：荷兰奶牛。我每天最多可以产 27 升奶！

奶 肉 无

2 我是法国牛种中体形最小的，但优雅的姿态和产出的优质牛奶使我备受欢迎。

奶 肉 无

3 我曾经是为人类拉车的牛。如今人们饲养我是为了我身上的优质牛肉，它可以被加工成闻名遐迩的波尔多牛排。

奶 肉 无

4 我来自法国的洛特－加龙省，我产的牛奶和牛肉都广受好评。人们将我和其他牛进行杂交，得到了金黄阿奎登牛。

奶 肉 无

5 尽管我的体形和产奶量都超过皮卡第牛，但我依然没能逃脱灭绝的命运。

奶 肉 无

6 我是一种生活在比利牛斯山区的奶牛，灰色的皮毛是我的标志。我质朴又能吃苦。

奶 肉 无

7 我的毛色红白相间。我生活在山里，是一种非常优秀的奶牛。我的牛奶会被用来制作格鲁耶尔奶酪、孔泰奶酪或汝拉奶酪。

奶 肉 无

8 我生活在山区和乡间。目前我已被蒙贝利亚牛取代，它的奶可以做成很好的奶酪。

奶 肉 无

9 我来自法国的康塔尔省。我的肉很出名。我拥有牛世界里最美的一对角！

奶 肉 无

百“牛”齐放

法国约有 38 种牛，但在 20 世纪，其中很多种牛消失了。因为随着拖拉机的普及，许多原先帮助农民耕种的牛失去了存在价值。此外，人们为了提高生产力，更关注那些表现更好的牛。然而，正是多样的牛种才带来了 300 多种风味独特的奶酪。因此，我们应该保护这份多样性，只有这样才能保存好奶酪文化。

虞美人是一种具有代表性的野花。它从 5 月一直盛开到 7 月，用小小的红色音符照亮乡村。虞美人皱巴巴的花瓣和纤细的茎会让人误以为它很娇嫩，但实际上它是一种坚强的花，不需要什么特别的照料就能生长。

虞美人

为了纪念在第一次世界大战中牺牲的士兵，英国人会在纽扣上别一枝虞美人。

好漂亮的人偶

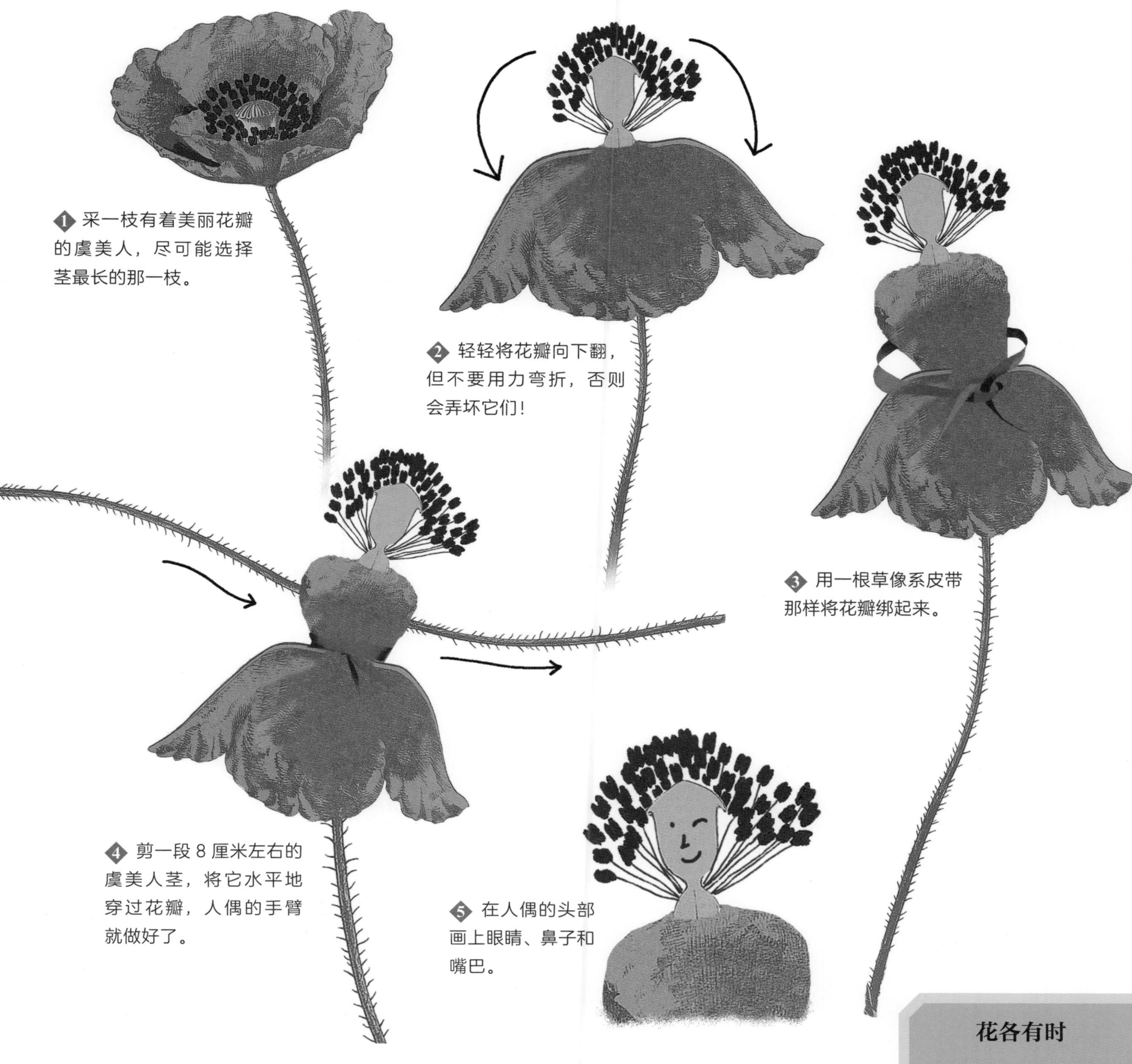

❶ 采一枝有着美丽花瓣的虞美人，尽可能选择茎最长的那一枝。
❷ 轻轻将花瓣向下翻，但不要用力弯折，否则会弄坏它们！
❸ 用一根草像系皮带那样将花瓣绑起来。
❹ 剪一段8厘米左右的虞美人茎，将它水平地穿过花瓣，人偶的手臂就做好了。
❺ 在人偶的头部画上眼睛、鼻子和嘴巴。

虞美人糖浆

需成年人在旁指导

500克虞美人花瓣

500克糖

500毫升水

炖锅

❶ 收集500克虞美人花瓣（尽量去未喷洒农药且远离公路的田野里采摘）。
❷ 将水烧开。把花瓣投入锅中并搅拌，直至花瓣完全被水淹没。关火并盖好锅盖，静置15分钟。用一块干净的布过滤和挤压花瓣，提取出所有汁液。
❸ 在汁液中加入糖，再次加热，直至锅中液体整体呈糖浆状，静置待其冷却后倒入瓶中。
❹ 虞美人糖浆将为水果沙拉增添美妙的风味。

花各有时

生长在草地上的植物的寿命各不相同。虞美人只有一年的寿命，它在一年中完成发芽、开花、结籽，然后死去。而以三色堇为代表的二年生草本植物需要两年来完成一个生命周期。蒲公英和雏菊等植物可以活上好几年，并能够轻松应对季节变化，因此，被称作多年生草本植物。

昆虫是无脊椎动物的一种，它们的身体由头部、胸部和腹部组成。要认出它们很容易，因为它们都有 6 条腿。目前人类发现的昆虫种类已经超过 100 万种，但还有数百万种昆虫尚不为人所知。

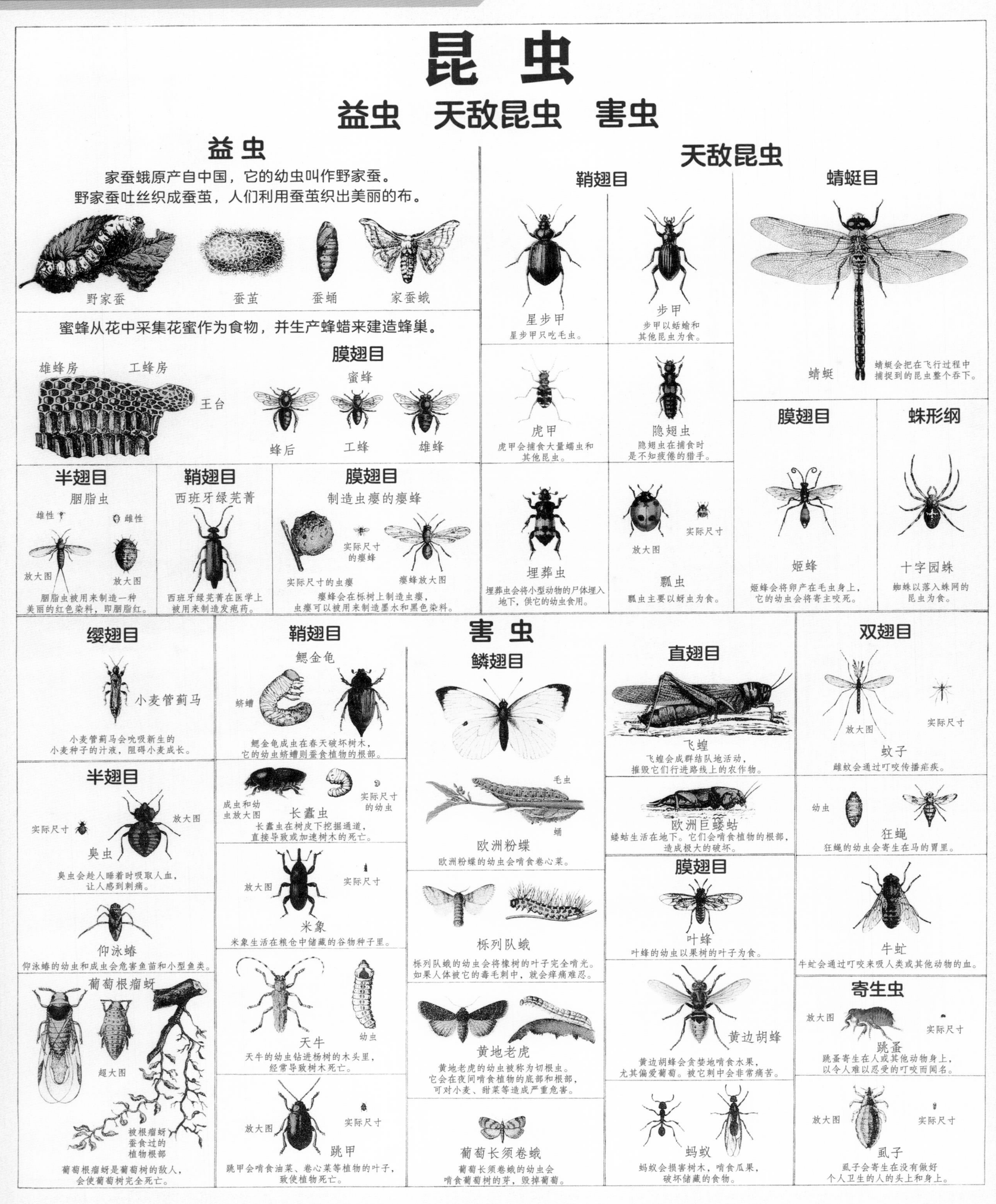

昆虫
益虫　天敌昆虫　害虫
益虫
家蚕蛾原产自中国，它的幼虫叫作野家蚕。
野家蚕吐丝织成蚕茧，人们利用蚕茧织出美丽的布。
野家蚕
蚕茧
蚕蛹
家蚕蛾
蜜蜂从花中采集花蜜作为食物，并生产蜂蜡来建造蜂巢。
膜翅目
雄蜂房
工蜂房
王台
蜜蜂
蜂后
工蜂
雄蜂
半翅目
胭脂虫
雄性
雌性
放大图
放大图
胭脂虫被用来制造一种
美丽的红色染料，即胭脂红。
鞘翅目
西班牙绿芫菁
西班牙绿芫菁在医学上
被用来制造发疱药。
膜翅目
制造虫瘿的瘿蜂
实际尺寸
的瘿蜂
实际尺寸的虫瘿
瘿蜂放大图
瘿蜂会在栎树上制造虫瘿，
虫瘿可以被用来制造墨水和黑色染料。
天敌昆虫
鞘翅目
星步甲
星步甲只吃毛虫。
步甲
步甲以蛞蝓和
其他昆虫为食。
虎甲
虎甲会捕食大量蠕虫和
其他昆虫。
隐翅虫
隐翅虫在捕食时
是不知疲倦的猎手。
埋葬虫
埋葬虫会将小型动物的尸体埋入
地下，供它的幼虫食用。
放大图
实际尺寸
瓢虫
瓢虫主要以蚜虫为食。
蜻蜓目
蜻蜓
蜻蜓会把在飞行过程中
捕捉到的昆虫整个吞下。
膜翅目
姬蜂
姬蜂会将卵产在毛虫身上，
它的幼虫会将寄主咬死。
蛛形纲
十字园蛛
蜘蛛以落入蛛网的
昆虫为食。
害虫
缨翅目
小麦管蓟马
小麦管蓟马会吮吸新生的
小麦种子的汁液，阻碍小麦成长。
半翅目
实际尺寸
放大图
臭虫
臭虫会趁人睡着时吸取人血，
让人感到刺痛。
仰泳蝽
仰泳蝽的幼虫和成虫会危害鱼苗和小型鱼类。
葡萄根瘤蚜
超大图
被根瘤蚜
蚕食过的
植物根部
葡萄根瘤蚜是葡萄树的敌人，
会使葡萄树完全死亡。
鞘翅目
鳃金龟
蛴螬
鳃金龟成虫在春天破坏树木，
它的幼虫蛴螬则蚕食植物的根部。
成虫和幼
虫放大图
长蠹虫
实际尺寸
的幼虫
长蠹虫在树皮下挖掘通道，
直接导致或加速树木的死亡。
放大图
实际尺寸
米象
米象生活在粮仓中储藏的谷物种子里。
天牛
幼虫
天牛的幼虫钻进杨树的木头里，
经常导致树木死亡。
放大图
实际尺寸
跳甲
跳甲会啃食油菜、卷心菜等植物的叶子，
致使植物死亡。
鳞翅目
毛虫
蛹
欧洲粉蝶
欧洲粉蝶的幼虫会啃食卷心菜。
栎列队蛾
栎列队蛾的幼虫会将橡树的叶子完全啃光。
如果人体被它的毒毛刺中，就会痒痛难忍。
黄地老虎
黄地老虎的幼虫被称为切根虫。
它会在夜间啃食植物的底部和根部，
可对小麦、甜菜等造成严重危害。
葡萄长须卷蛾
葡萄长须卷蛾的幼虫会
啃食葡萄树的芽，毁掉葡萄。
直翅目
飞蝗
飞蝗会成群结队地活动，
摧毁它们行进路线上的农作物。
欧洲巨蝼蛄
蝼蛄生活在地下。它们会啃食植物的根部，
造成极大的破坏。
膜翅目
叶蜂
叶蜂的幼虫以果树的叶子为食。
黄边胡蜂
黄边胡蜂会贪婪地啃食水果，
尤其偏爱葡萄。被它刺中会非常痛苦。
蚂蚁
蚂蚁会损害树木，啃食瓜果，
破坏储藏的食物。
双翅目
放大图
实际尺寸
蚊子
雌蚊会通过叮咬传播疟疾。
幼虫
狂蝇
狂蝇的幼虫会寄生在马的胃里。
牛虻
牛虻会通过叮咬来吸人类或其他动物的血。
寄生虫
放大图
实际尺寸
跳蚤
跳蚤寄生在人或其他动物身上，
以令人难以忍受的叮咬而闻名。
放大图
实际尺寸
虱子
虱子会寄生在没有做好
个人卫生的人的头上和身上。

蜘蛛和昆虫同属节肢动物门，但它不属于昆虫纲，而属于蛛形纲。

蜉蝣的成虫没有口器，这限制了它的寿命。

开饭了

将书后的昆虫贴纸贴到蛛网上给蜘蛛当晚饭吧，你也可以自己动手画几只上去。

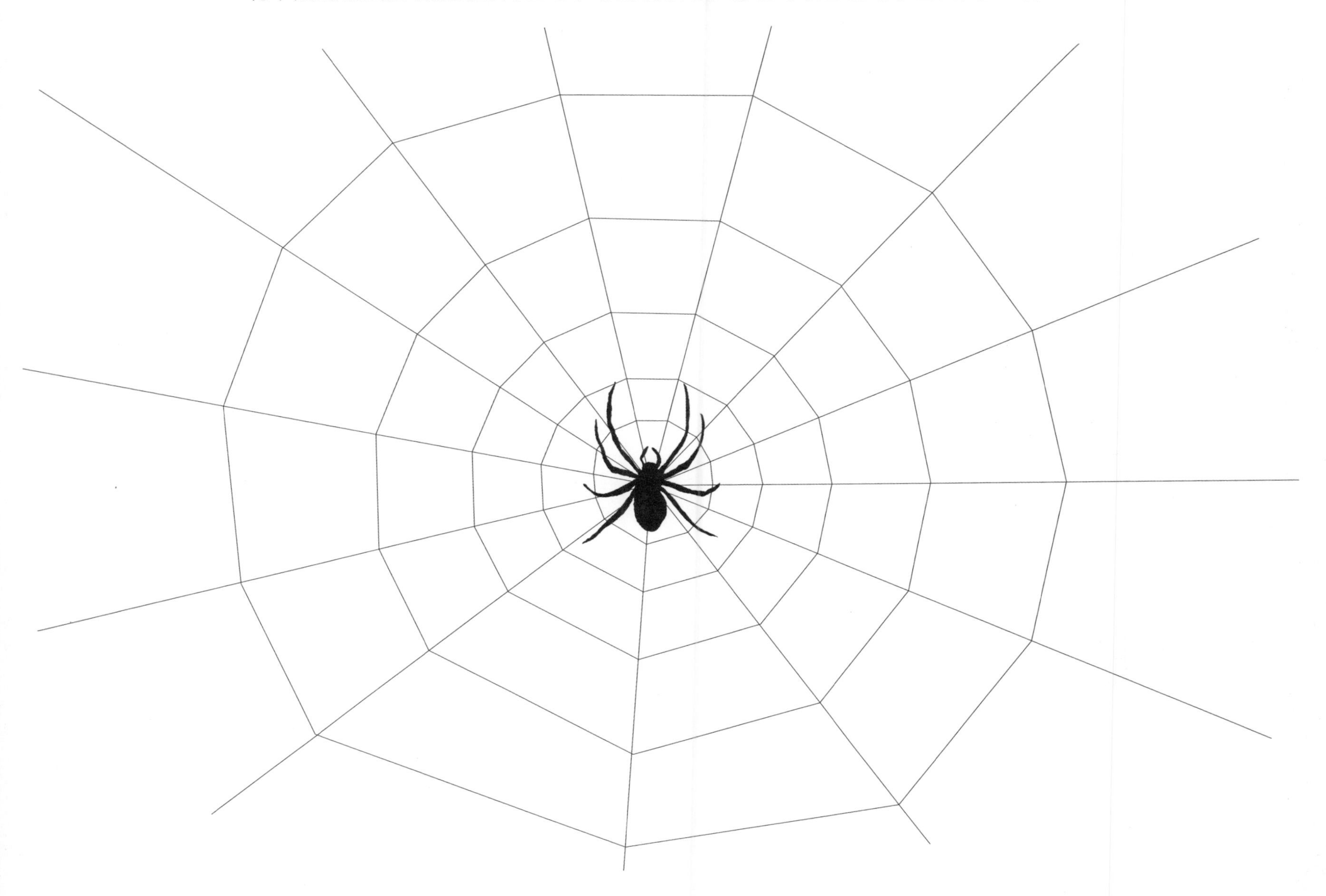

蚕宝宝回家记

下图中的 3 只蚕宝宝吐出的丝缠在了一起，
你能帮它们找到属于自己的那个蚕茧吗？

1
2
3
A
B
C

对杀虫剂说“不”

一部分昆虫被称作害虫，它们会危害农作物。因此，农民使用化学杀虫剂来使自家的田地远离虫害。某些杀虫剂的毒性很强，所以在使用的时候必须特别小心。我们还可以使用天然驱虫剂，比如在南瓜田里种旱金莲，可以驱赶一些常见的害虫。此外，引入瓢虫之类的以昆虫为食的物种也是一种有效的方法。

植物在开花之后，花朵中的雌蕊如果受精（由风、蜜蜂或农夫完成授粉），会逐渐发育成果实。果实内部有种子，种子进入泥土之后会萌芽并长成新的植株。这就是一个循环。

果实和种子

果实由花的一部分发育而来。种子是果实的重要组成部分。种子的胚被包裹在种皮之下，胚由胚芽、胚根、胚轴、1 或 2 片甚至更多子叶组成。当种子萌芽时，胚芽随之发育，最后长成植株。

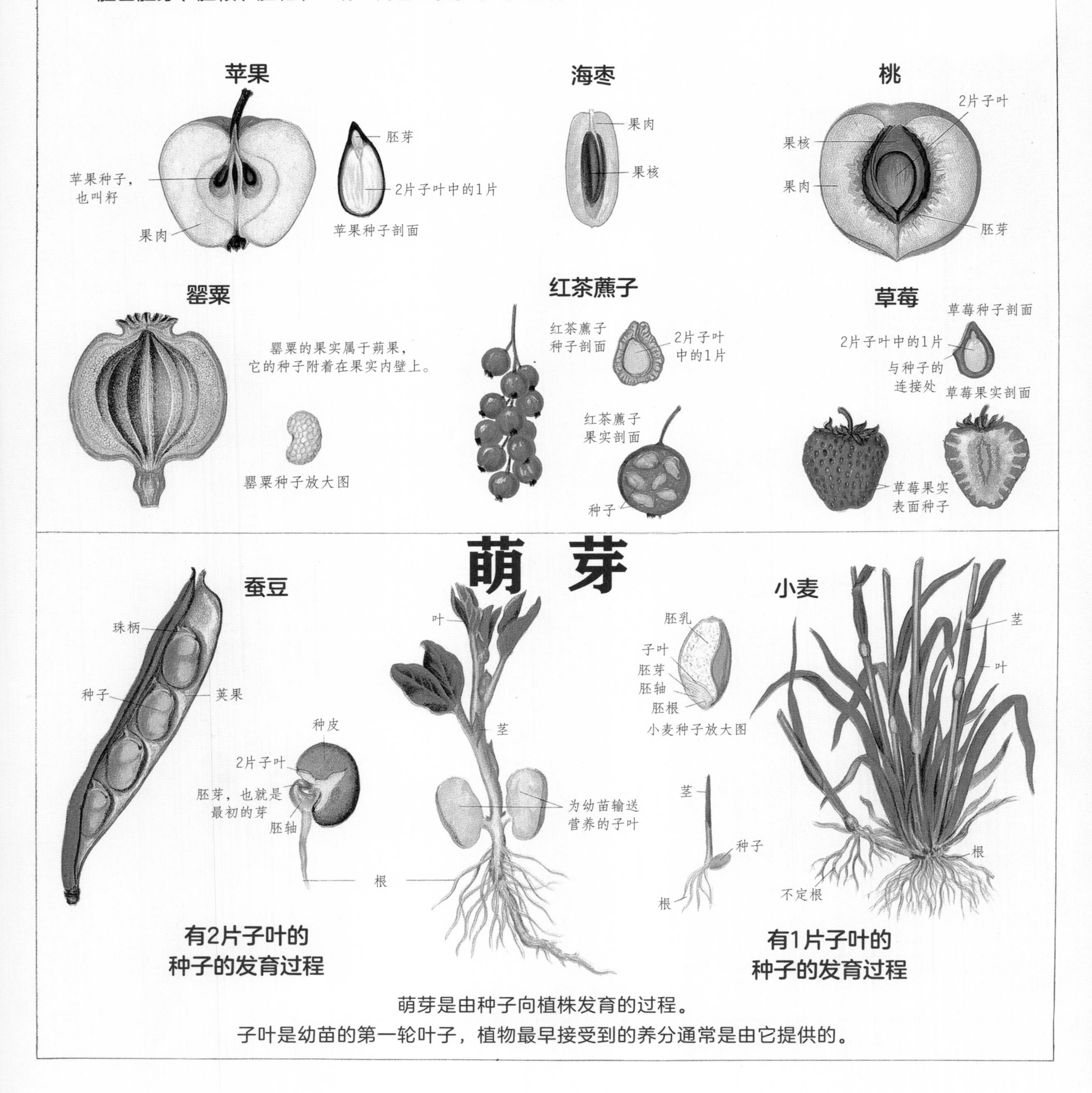

苹果
苹果种子，也叫籽
果肉
胚芽
2片子叶中的1片
苹果种子剖面
海枣
果肉
果核
桃
2片子叶
果核
果肉
胚芽
罂粟
罂粟的果实属于蒴果，它的种子附着在果实内壁上。
罂粟种子放大图
红茶藨子
红茶藨子种子剖面
2片子叶中的1片
红茶藨子果实剖面
种子
草莓
草莓种子剖面
2片子叶中的1片
与种子的连接处
草莓果实剖面
草莓果实表面种子
萌 芽
蚕豆
珠柄
种子
荚果
种皮
2片子叶
胚芽，也就是最初的芽
胚轴
根
叶
茎
为幼苗输送营养的子叶
有2片子叶的种子的发育过程
小麦
胚乳
子叶
胚芽
胚轴
胚根
小麦种子放大图
茎
种子
根
叶
不定根
有1片子叶的种子的发育过程

萌芽是由种子向植株发育的过程。
子叶是幼苗的第一轮叶子，植物最早接受到的养分通常是由它提供的。

一些植物学家认为，如果某种蔬菜含有哪怕是一粒种子，那它就是一种水果。如此说来，茄子、番茄、菜豆和黄瓜都不是蔬菜，而是水果。

整理花园

种子发的芽绕在了一起，你能找出每株虞美人对应的种子吗？

1
2
3
4
A
B
C
D

让菜豆发芽吧

需成年人在旁指导

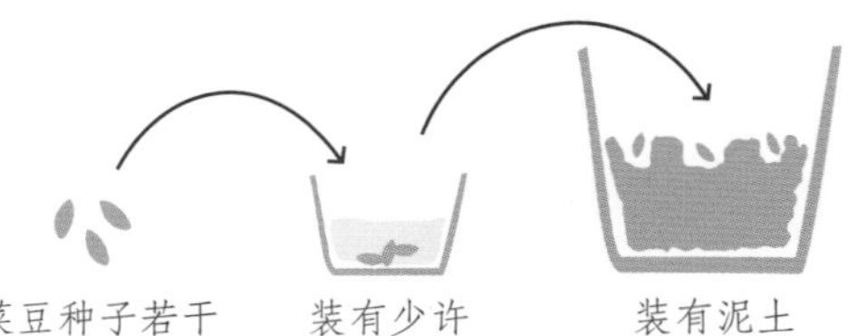

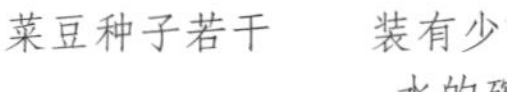
菜豆种子若干
装有少许水的碗
装有泥土的花盆
喷水壶

为了获得能发芽的种子，你需要在采摘前让 2~3 个菜豆成熟，然后将它们晒干。等到它们自然开裂，你就可以收获种子了。如果你不想等，也可以直接买一些菜豆种子。

❶ 将种子没入碗内的水中浸泡一晚。

❷ 在花盆的土中每隔 5 厘米挖一个洞，将种子埋进去后再用土盖好，然后用袋子把花盆包好。

❸ 等到种子破土而出后，要定期给它们浇水，可以插上木棍儿来帮助它们长高。10 周后，你应该就可以收获第一批菜豆了。

夏天吃草莓

吃当地生产的应季水果可以保护环境，因为当地水果不需要经过长途运输，也就不会排放过量的二氧化碳。要知道，进口的反季节水果在运输过程中的油耗是当地应季的相同水果的 10~20 倍。

树是一个生命体。世界上有很多种树。通过观察它们的形状、高度，以及树叶、树干和树皮的外观，人们学会区分并了解它们。

树木
钻天杨（杨柳科）
Populus nigra
毛桦（桦木科）
Betula pubescens
无花果树（桑科）
Ficus carica
夏栎（壳斗科）
Quercus robur
欧洲冷杉（松科）
Abies alba
垂柳（杨柳科）
Salix babylonica
木犀榄（木樨科）
Olea europaea
小叶丝兰（天门冬科）
Yucca brevifolia
西洋梨（蔷薇科）
Pyrus communis
蓝桉（桃金娘科）
Eucalyptus globulus
海岸松（松科）
Pinus pinaster
南方蒲葵（棕榈科）
Livistona australis
软树蕨（蚌壳蕨科）
Dicksonia antarctica
欧洲水青冈（壳斗科）
Fagus sylvatica
龙血树（天门冬科）
Dracaena draco
旅人蕉（鹤望兰科）
Ravenala madagascariensis
智利南洋杉（南洋杉科）
Araucaria araucana
暗罗（番荔枝科）
Polyalthia suberosa
岩生酒瓶树（锦葵科）
Brachychiton rupestris

随着科学命名法的不断发展，棕榈科、丝兰属和蕨类在今天都被归入了植物界。

在法国，寿命最长的树是两棵橡树和一棵超过 2000 年的橄榄树。

树荫下

请仔细观察这些树的剪影，试着在横线上填入对应的树名。
此外，这些树中只有两种树会在冬天落叶，你能找出是哪两种吗？

1 ....
2 ....
3 ....
4 ....
5 ....

6 ....
7 ....
8 ....

处境危险的森林

地球上每年都有1300万~1500万公顷的森林遭到毁灭，这一数字约占法国森林总面积的四分之一。酸雨、火灾、风暴和对于森林的过度砍伐都是造成这一现象的原因。因此，保护森林刻不容缓。你可以通过节约用纸来为此出一份力，以下是一些建议：循环利用已经用过的纸张，购买由森林管理委员会（FSC）认证的纸张（来自可持续发展的、合法的且允许采伐的森林）装订成的书，把纸的两面都利用上，尽量减少打印的次数等。

蝴蝶是一种完全变态发育的昆虫，它一生中会经历 4 个阶段：卵、幼虫、蛹和成虫。蝴蝶的寿命根据种类的不同而不同，有几天就死亡的，也有能活上几个月的。

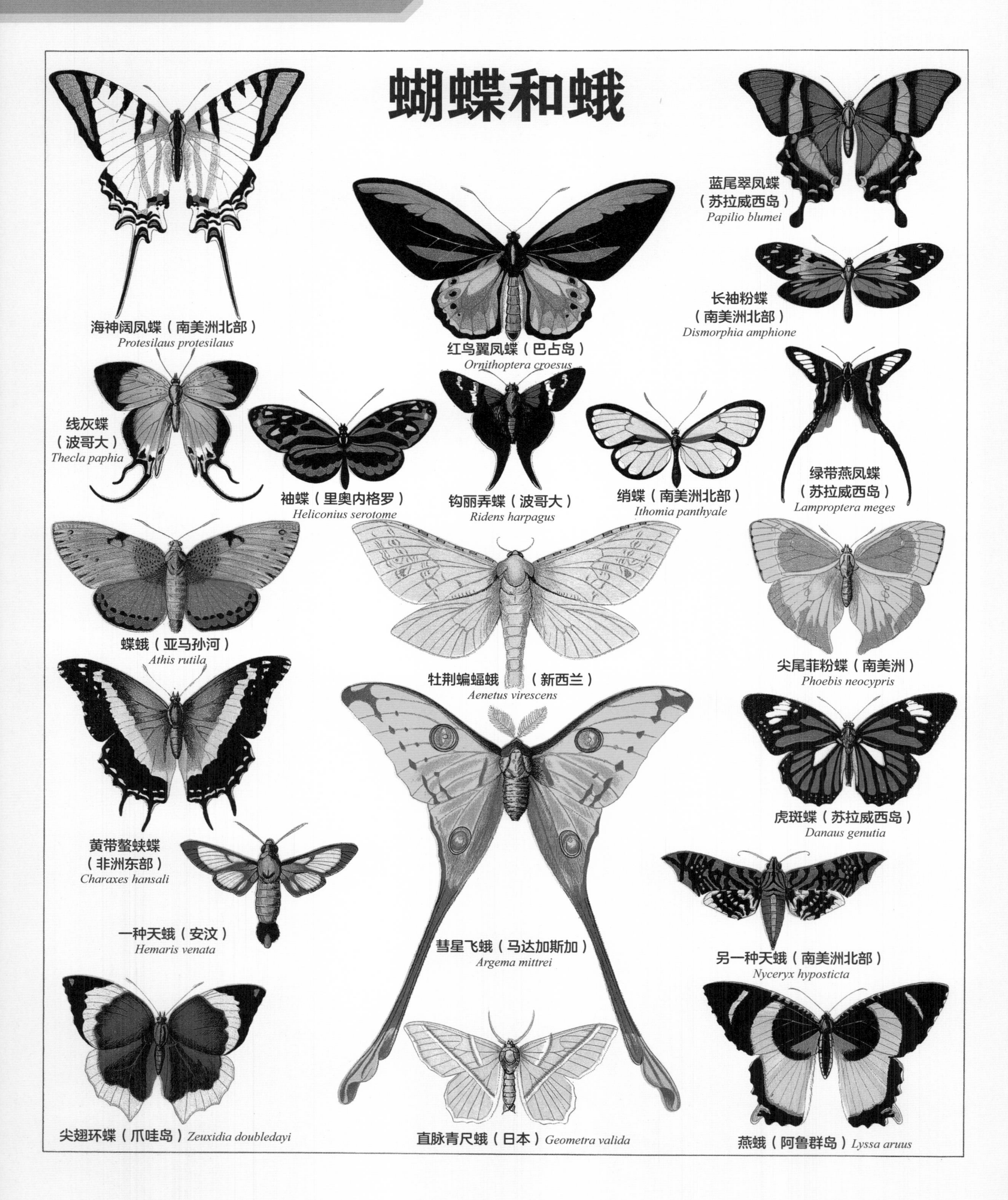

蝴蝶和蛾
海神阔凤蝶（南美洲北部）
Protesilaus protesilaus
红鸟翼凤蝶（巴占岛）
Ornithoptera croesus
蓝尾翠凤蝶（苏拉威西岛）
Papilio blumei
长袖粉蝶（南美洲北部）
Dismorphia amphione
线灰蝶（波哥大）
Thecla paphia
袖蝶（里奥内格罗）
Heliconius serotome
钩丽弄蝶（波哥大）
Ridens harpagus
绡蝶（南美洲北部）
Ithomia panthyale
绿带燕凤蝶（苏拉威西岛）
Lamproptera meges
蝶蛾（亚马孙河）
Athis rutila
牡荆蝙蝠蛾（新西兰）
Aenetus virescens
尖尾菲粉蝶（南美洲）
Phoebis neocypris
黄带螯蛱蝶（非洲东部）
Charaxes hansali
虎斑蝶（苏拉威西岛）
Danaus genutia
一种天蛾（安汶）
Hemaris venata
彗星飞蛾（马达加斯加）
Argema mittrei
另一种天蛾（南美洲北部）
Nyceryx hyposticta
尖翅环蝶（爪哇岛）Zeuxidia doubledayi
直脉青尺蛾（日本）Geometra valida
燕蛾（阿鲁群岛）Lyssa aruus

热带地区蝴蝶的鲜艳色彩可以帮助它们隐藏在植物中，也可以对捕食者发出警告：“小心，我们可不好吃！”

你是小小艺术家

请根据已经给出的左半边将这只美丽的蝴蝶画完整，并为它涂上颜色。

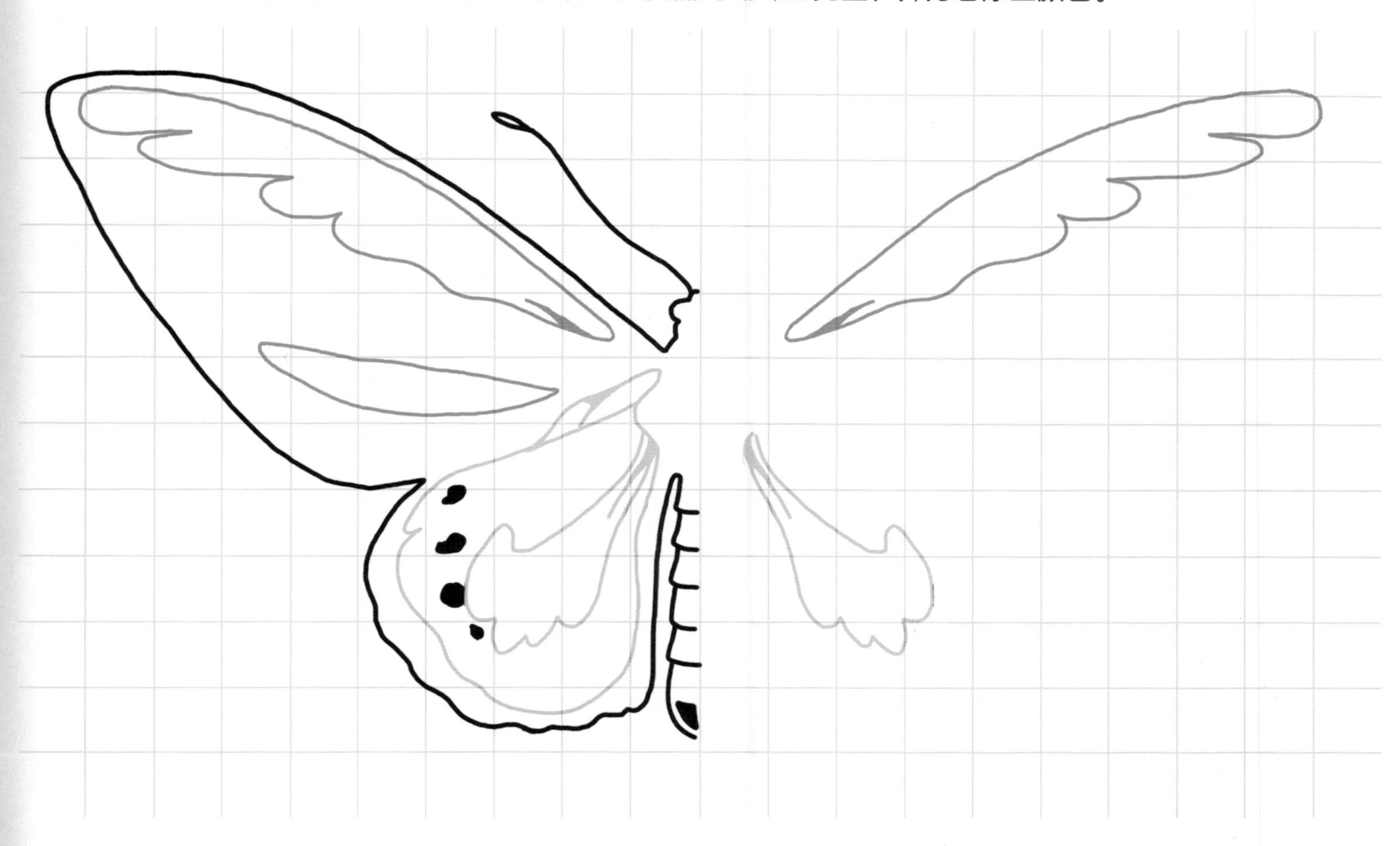

是谁混了进来

在下面的蝴蝶中，有一种没有出现在上一页的博物画中，你能认出它吗？

给蝴蝶一个家

如果你有一个花园，可以通过为蝴蝶营造一片栖息地来保护它们。以下是一些建议：

· 种植荨麻、金雀儿、茴香、欧石南等植物，蝴蝶会在上面产卵。

· 为蝴蝶准备一个越冬的地方，墙壁和常春藤都是不错的选择。

· 种植富含花蜜的缬草、雏菊、苜蓿等植物，为蝴蝶提供足够的食物。

· 绝对不要使用化学杀虫剂。

· 让野草生长到秋末。

世界上有超过 19 500 种不同的兰科植物，这让它成为世界上最庞大的物种之一。兰科植物的花朵多彩又美丽，花瓣很大。兰科植物大多具有鲜艳的色彩，这是为了吸引昆虫来为它们授粉。

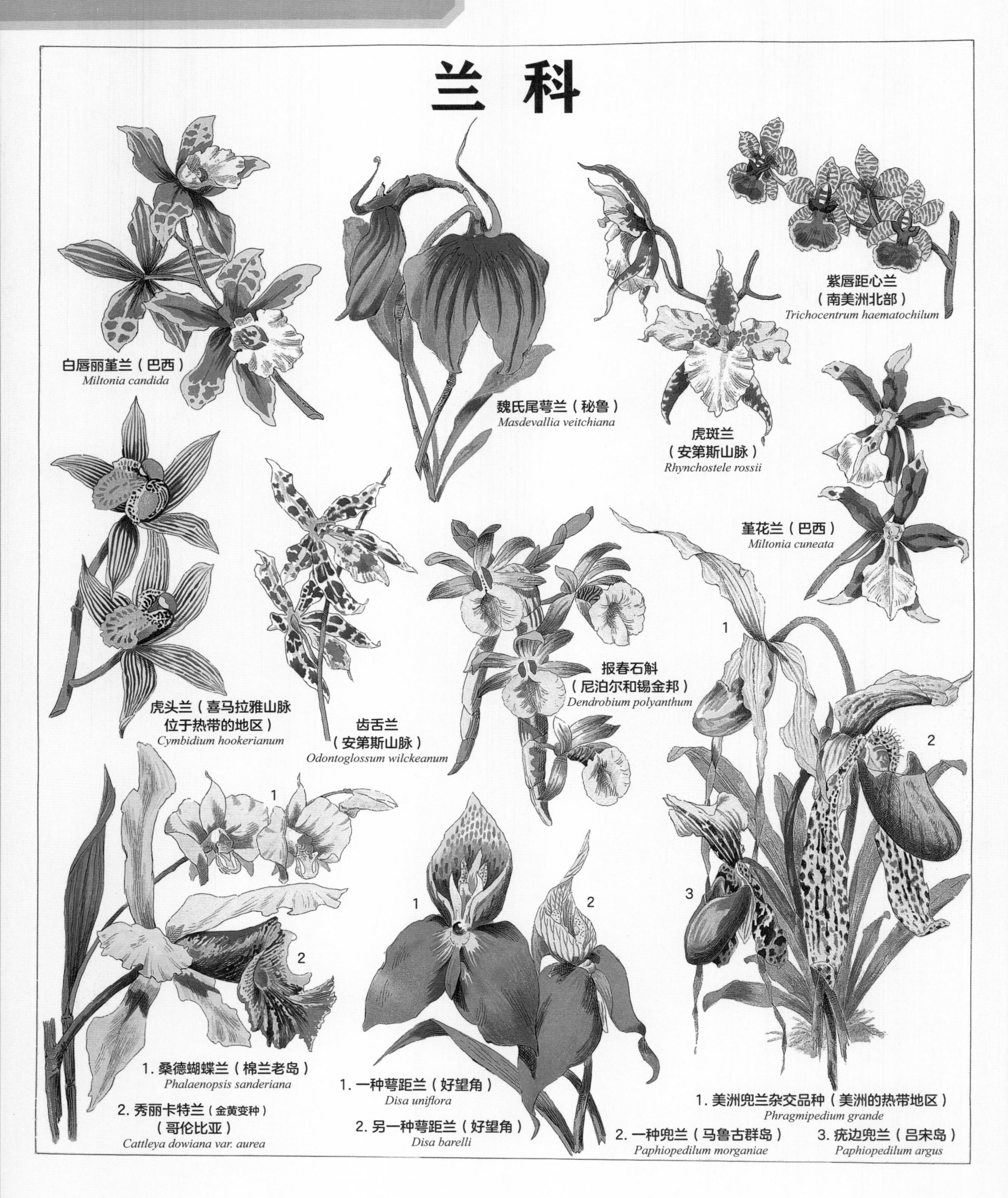

兰科
白唇丽堇兰（巴西）
Miltonia candida
魏氏尾萼兰（秘鲁）
Masdevallia veitchiana
虎斑兰
（安第斯山脉）
Rhynchostele rossii
紫唇距心兰
（南美洲北部）
Trichocentrum haematochilum
堇花兰（巴西）
Miltonia cuneata
虎头兰（喜马拉雅山脉位于热带的地区）
Cymbidium hookerianum
齿舌兰
（安第斯山脉）
Odontoglossum wilckeanum
报春石斛
（尼泊尔和锡金邦）
Dendrobium polyanthum
1. 桑德蝴蝶兰（棉兰老岛）
Phalaenopsis sanderiana
2. 秀丽卡特兰（金黄变种）
（哥伦比亚）
Cattleya dowiana var. aurea
1. 一种萼距兰（好望角）
Disa uniflora
2. 另一种萼距兰（好望角）
Disa barelli
1. 美洲兜兰杂交品种（美洲的热带地区）
Phragmipedium grande
2. 一种兜兰（马鲁古群岛）
Paphiopedilum morganiae
3. 疣边兜兰（吕宋岛）
Paphiopedilum argus

香草荚是一种常见的食用香料，它采自兰科植物香荚兰。

五彩缤纷的兰花

发挥你的想象，在这个空着的花盆中画上一株最美丽的兰花吧！

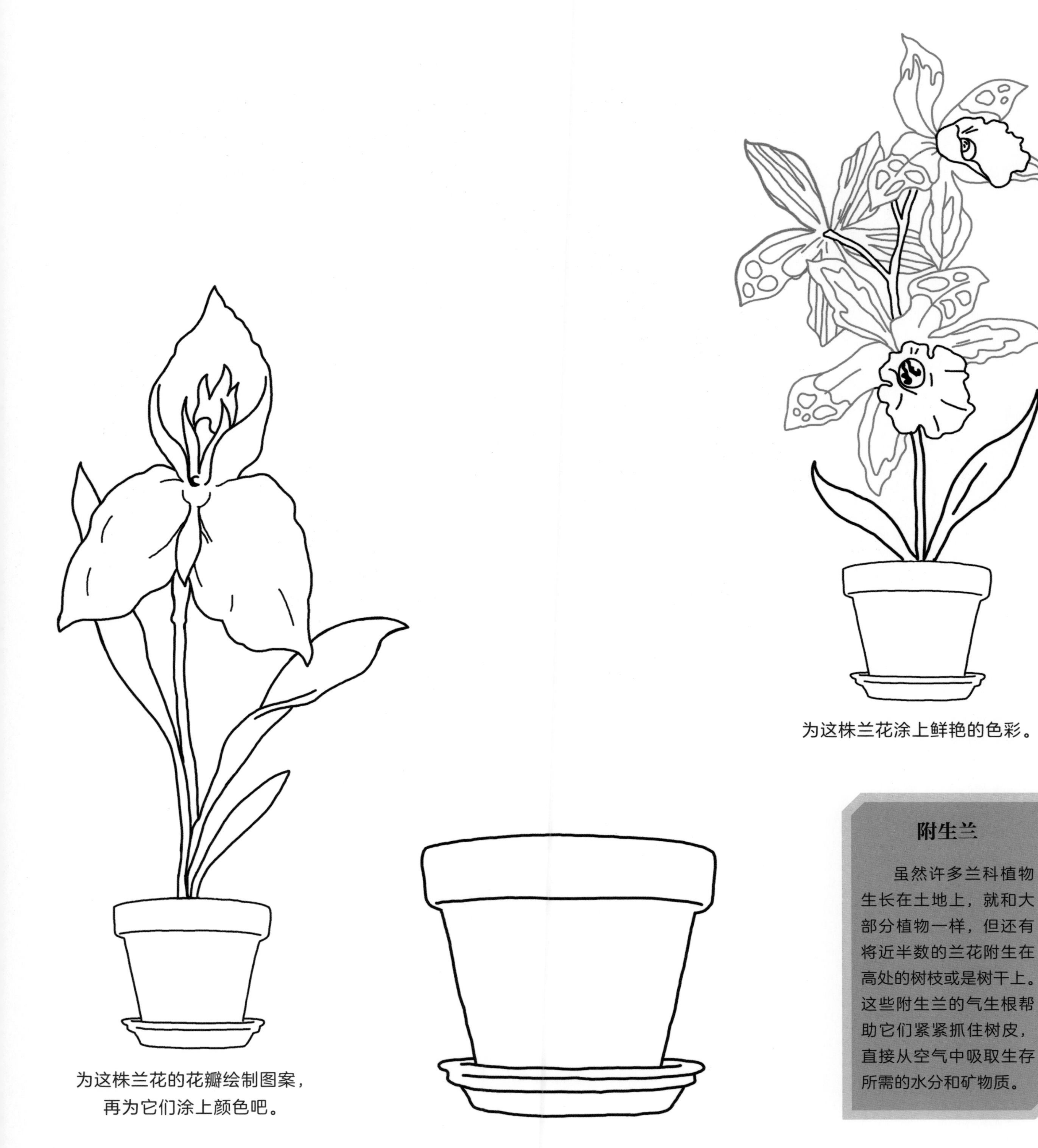

为这株兰花涂上鲜艳的色彩。

为这株兰花的花瓣绘制图案，
再为它们涂上颜色吧。

附生兰

虽然许多兰科植物生长在土地上，就和大部分植物一样，但还有将近半数的兰花附生在高处的树枝或是树干上。这些附生兰的气生根帮助它们紧紧抓住树皮，直接从空气中吸取生存所需的水分和矿物质。

雀形目的鸟类大多是在树上筑巢的小型鸣禽。雀形目的种类数量占鸟类全部种类的一半以上。它们有的以昆虫为食，有的只吃种子。

鸟
雀形目　佛法僧目
红额金翅雀（雀形目）
Carduelis carduelis
红额金翅雀特别喜欢吃蓟的种子。
锡嘴雀（雀形目）
Coccothraustes coccothraustes
锡嘴雀以谷物为食，大多生活在森林中。
苍头燕雀（雀形目）
Fringilla coelebs
苍头燕雀以种子和昆虫为食。
蓝山雀（雀形目）
Cyanistes caeruleus
蓝山雀以昆虫为食。
松鸦（雀形目）
Garrulus glandarius
松鸦在春天会大量捕食昆虫，冬天则会大量食用坚果。
赤胸朱顶雀（雀形目）
Linaria cannabina
赤胸朱顶雀过群居生活，吃各种谷物。
银喉长尾山雀（雀形目）
Aegithalos caudatus
银喉长尾山雀以昆虫为食，但在冬天也会吃植物的芽和浆果。
紫翅椋鸟（雀形目）
Sturnus vulgaris
紫翅椋鸟是昆虫的克星。
戴胜（佛法僧目）
Upupa epops
戴胜只以昆虫为食。
旋木雀（雀形目）
Certhia familiaris
旋木雀会沿树干呈螺旋状攀缘来寻找昆虫，这是它主要吃的食物。
普通翠鸟（佛法僧目）
Alcedo atthis
普通翠鸟吃水生昆虫，也吃鱼苗。

雀形目包括 6000 多种鸟类，这让它成为脊椎动物中极大的一个目。

哪儿不一样

请仔细观察下图中的两只戴胜，找出它们的 7 个不同之处。

鸟类俗语

请将下列与鸟类有关的俗语补充完整。

1. 早起的 …………… 有虫吃。
2. 人为财死，……………………。
3. 人过留名，……………………。
4. …………… 安知鸿鹄之志。

制作鸟食罐

需成年人在旁指导

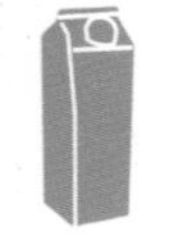
和图中类似的牛奶盒

剪刀

绿色、栗色和棕色的纸

强力胶

铁丝

订书机

鸟食

1. 准备好空牛奶盒，在离牛奶盒底部 5 厘米处的侧面挖一个直径 4 厘米的圆洞，这是鸟儿进来的地方。
2. 将彩纸剪成树叶的形状，贴满牛奶盒表面，来帮助伪装牛奶盒。
3. 在牛奶盒的底部钻几个小洞，以便雨水流出去。
4. 在牛奶盒的顶部钻一个洞，将铁丝穿过去，这样可以把牛奶盒挂起来。
5. 在牛奶盒底部撒满鸟食，将牛奶盒挂到高处。接下来就是等待鸟儿光临啦。

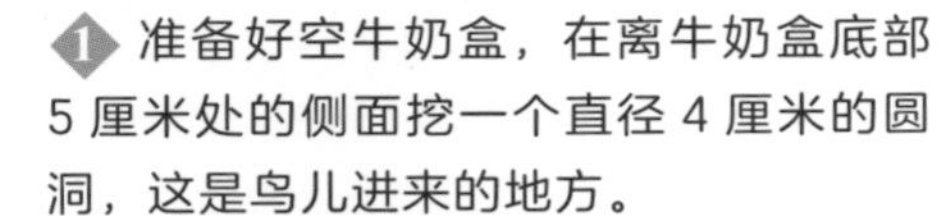

冬天的鸟

在冬季，鸟儿在夜晚取暖时会失去大约 10% 的体重，这意味着它们需要寻找充足的食物。但这很困难，特别是在地面被白雪覆盖的时候。通过制作一个鸟食罐，你可以帮助一些鸟儿顺利越冬，何乐而不为呢？

为了生产蜂蜜和蜂蜡，蜜蜂会从春天一直忙到夏天。蜂蜡被用于制造美容产品或蜡烛。蜂农在采集蜂蜜时，首先要将蜜蜂覆盖在上面的蜂蜡除去。蜜蜂每制造 1 千克蜂蜡，需要消耗 10 千克蜂蜜。

蜂蜜和蜂蜡

蜂蜜和蜂蜡都是蜜蜂劳作的产物。蜜蜂是膜翅目的一员。蜜蜂采集花蜜，然后在蜜囊中将花蜜转化成自身可以食用的蜂蜜。蜂蜡是一种脂肪性物质，蜜蜂用它来筑巢。蜂蜡由蜜蜂腹部的蜡腺分泌。巢脾由许多六边形的蜂房组成，里面除了住着蜜蜂的幼虫，还被用来储藏蜂蜜。

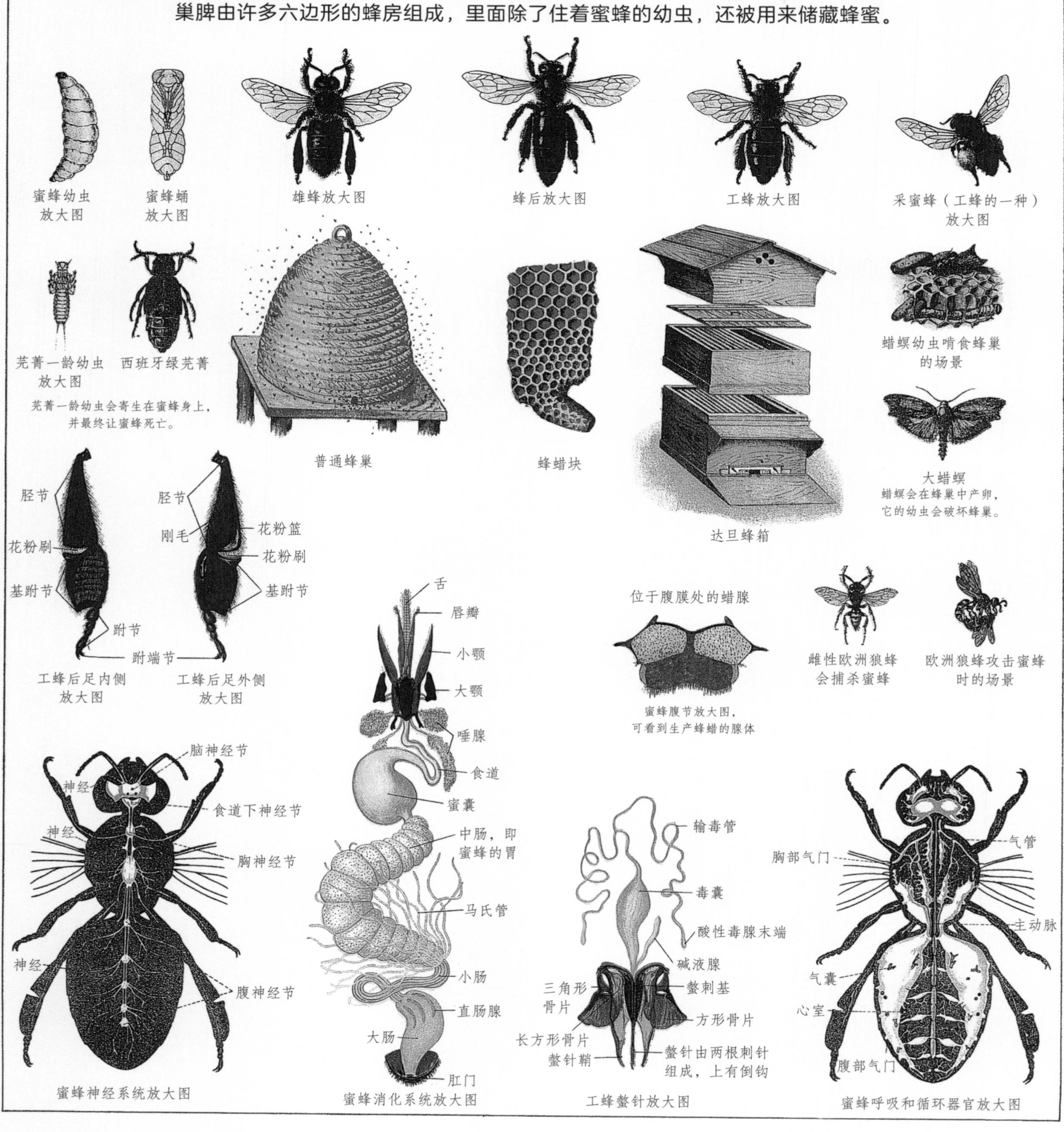

蜜蜂幼虫放大图
蜜蜂蛹放大图
雄蜂放大图
蜂后放大图
工蜂放大图
采蜜蜂（工蜂的一种）放大图
芫菁一龄幼虫放大图
西班牙绿芫菁
芫菁一龄幼虫会寄生在蜜蜂身上，并最终让蜜蜂死亡。
普通蜂巢
蜂蜡块
达旦蜂箱
蜡螟幼虫啃食蜂巢的场景
大蜡螟
蜡螟会在蜂巢中产卵，它的幼虫会破坏蜂巢。
胫节
花粉刷
基跗节
跗节
跗端节
刚毛
花粉篮
工蜂后足内侧放大图
工蜂后足外侧放大图
舌
唇瓣
小颚
大颚
唾腺
食道
蜜囊
中肠，即蜜蜂的胃
马氏管
小肠
直肠腺
大肠
肛门
蜜蜂消化系统放大图
位于腹膜处的蜡腺
蜜蜂腹节放大图，可看到生产蜂蜡的腺体
雌性欧洲狼蜂会捕杀蜜蜂
欧洲狼蜂攻击蜜蜂时的场景
脑神经节
神经
食道下神经节
胸神经节
腹神经节
蜜蜂神经系统放大图
输毒管
毒囊
酸性毒腺末端
碱液腺
螫刺基
三角形骨片
方形骨片
长方形骨片
螫针鞘
螫针由两根刺针组成，上有倒钩
工蜂螫针放大图
气管
胸部气门
主动脉
气囊
心室
腹部气门
蜜蜂呼吸和循环器官放大图

蜂房里或者住着幼虫，或者装着花粉，或者储藏着蜂蜜。它们以一种独特的顺序排列着。

红色警报

蜂巢遭到了蜡螟幼虫的入侵，它会啃食蜂蜡，毁坏蜂巢。这只小工蜂的任务是消灭幼虫，请引导它找到目标。

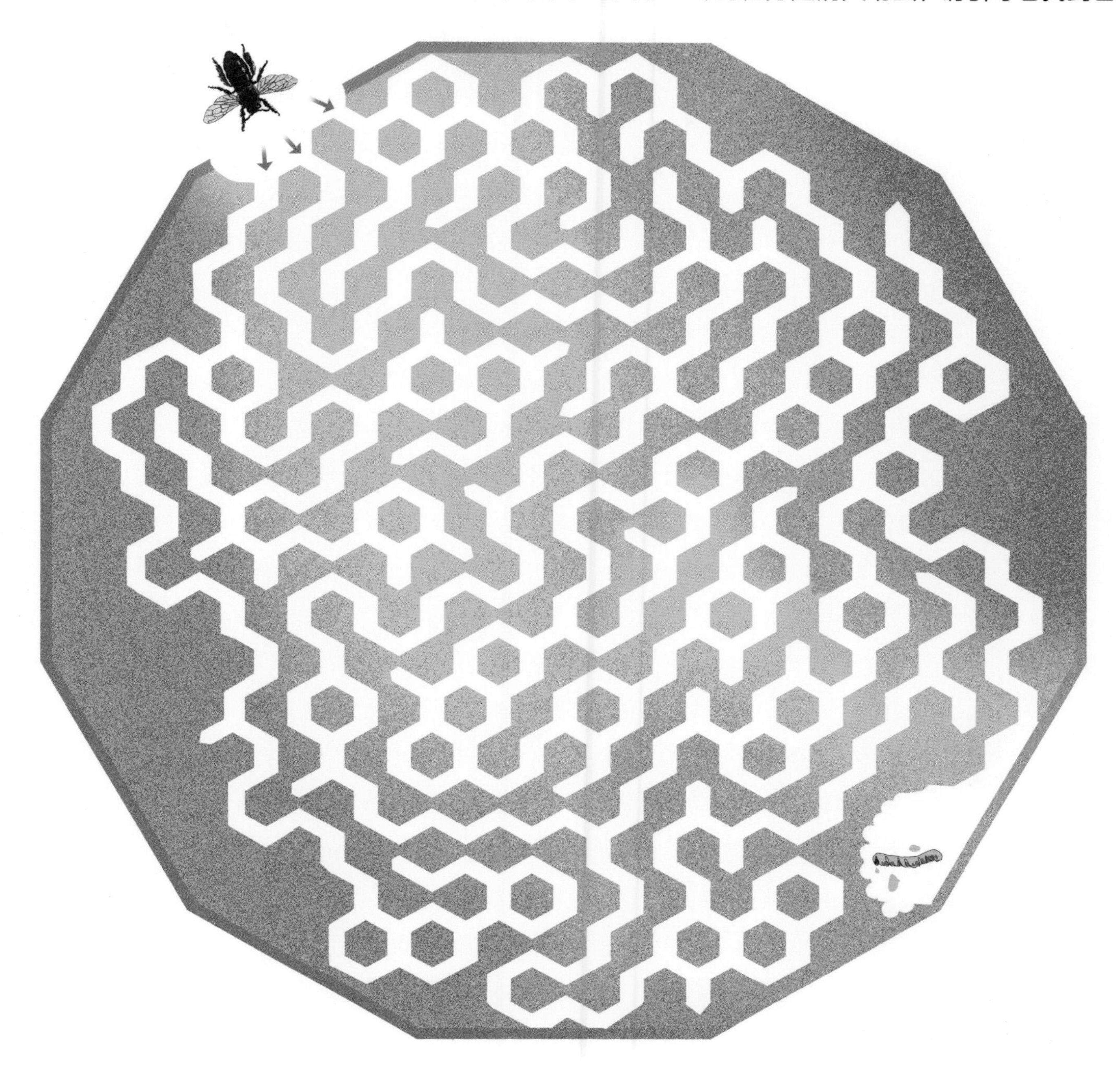

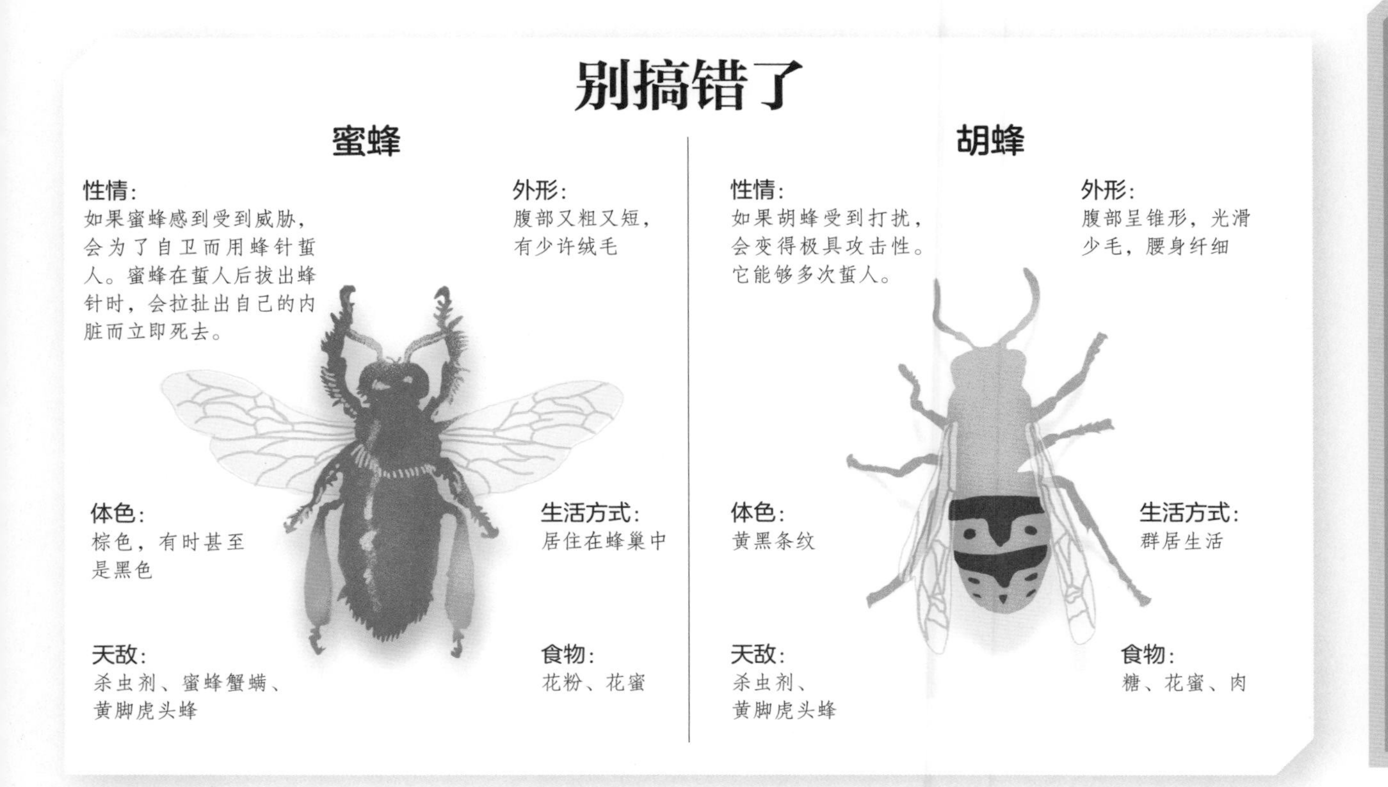
别搞错了
蜜蜂
性情：
如果蜜蜂感到受到威胁，会为了自卫而用蜂针蜇人。蜜蜂在蜇人后拔出蜂针时，会拉扯出自己的内脏而立即死去。
外形：
腹部又粗又短，有少许绒毛
体色：
棕色，有时甚至是黑色
生活方式：
居住在蜂巢中
天敌：
杀虫剂、蜜蜂蟹螨、黄脚虎头蜂
食物：
花粉、花蜜
胡蜂
性情：
如果胡蜂受到打扰，会变得极具攻击性。它能够多次蜇人。
外形：
腹部呈锥形，光滑少毛，腰身纤细
体色：
黄黑条纹
生活方式：
群居生活
天敌：
杀虫剂、黄脚虎头蜂
食物：
糖、花蜜、肉

灭顶之灾

自 1995 年以来，每年都有近 30% 的蜜蜂族群消失！没有蜜蜂，就不能大量传播花粉。花儿得不到授粉，就结不出果实。要知道，人类水果消费总量的 40% 都依靠蜜蜂传粉而来！因此我们应该行动起来，保护蜜蜂。以下是几点小建议：

- 种植可供蜜蜂采蜜的植物。
- 不时查看蜂巢内情况，以便尽早发现疾病尽早处理。
- 使用天然杀虫剂，避免误伤蜜蜂。

可可豆采自可可树的荚果。人们对可可豆进行发酵、焙炒和研磨，从而得到可可液块，可可液块再经压榨分离出可可脂和可可粉。人们把可可粉、可可脂和糖以不同的比例混合，制作出各式各样的巧克力。

可可豆
可可树的荚果
可可园及园中的水道
花
长满了果实的可可树
可可脂
可可豆脱壳现场
风干后的可可豆
可可豆风干现场
可可粉
巧克力布丁
巧克力糖果
热巧克力
巧克力壶
巧克力块
巧克力复活节彩蛋
巧克力蛋糕

从非洲到东南亚，从中美洲到南美洲，无论是哪种热带气候，我们都能见到可可豆的身影。

谁混了进来

仔细观察这些可可树的荚果，其中有 5 对完全一致。请找出它们，并把唯一一个不同的荚果圈出来。

制作热巧克力

需成年人在旁指导

150克黑巧克力

小刀

大碗

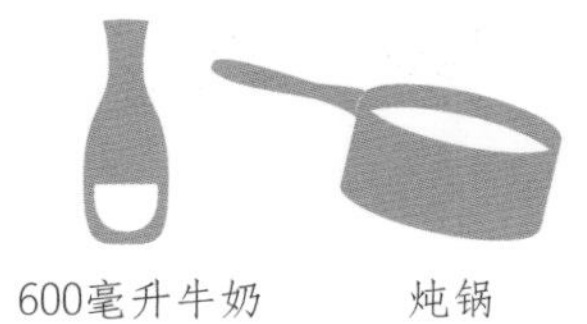

600毫升牛奶　炖锅

打蛋器

1. 用刀将巧克力切成小块，放入大碗内。
2. 将牛奶加热至沸腾。关火，将巧克力放入锅中，用力搅拌直至融化。
3. 当热巧克力开始起泡时，就制作成功了！

公平贸易

当你购买一块巧克力时，可可豆的实际生产者能获得的报酬非常低。小农户们往往很穷，因为有太多的中间商从中抽成。但如果你通过公平贸易协议购买巧克力，就可以确保生产者拿到应得的报酬。他们可以用这笔钱来开拓土地，参与生产的儿童也不会受到剥削。可以说，这是一份对抗剥削的保证书。然而，在 2010 年，全世界只有 1% 的商品是在公平贸易协议下成交的。

藻类是一种生活在水中的植物。它们没有根、茎、叶，而是通过固着器攀附在岩石上。部分藻类也会随洋流漂浮，或是在海底漂流。

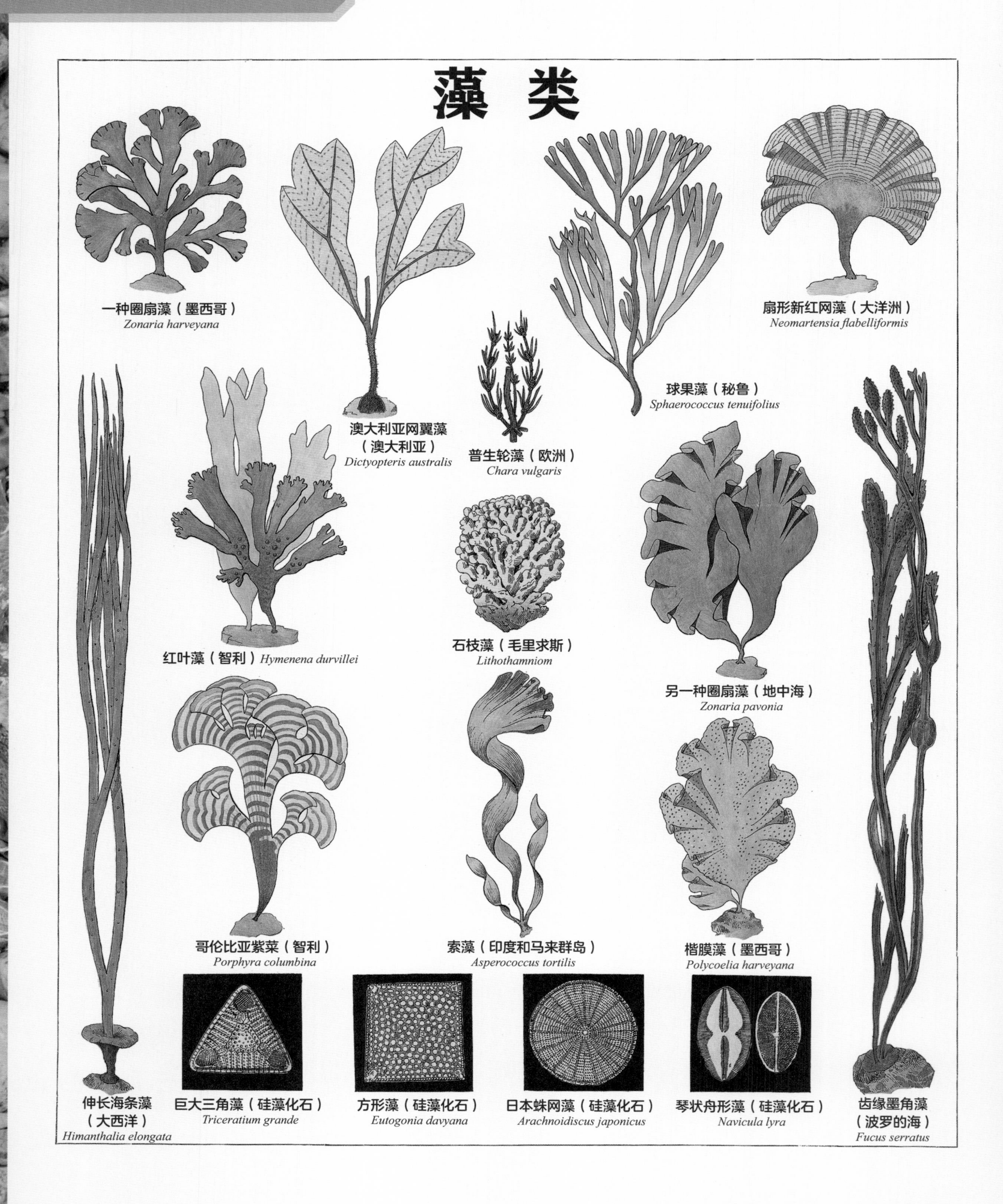

藻类
一种圈扇藻（墨西哥）
Zonaria harveyana
澳大利亚网翼藻
（澳大利亚）
Dictyopteris australis
球果藻（秘鲁）
Sphaerococcus tenuifolius
扇形新红网藻（大洋洲）
Neomartensia flabelliformis
普生轮藻（欧洲）
Chara vulgaris
红叶藻（智利）Hymenena durvillei
石枝藻（毛里求斯）
Lithothamniom
另一种圈扇藻（地中海）
Zonaria pavonia
哥伦比亚紫菜（智利）
Porphyra columbina
索藻（印度和马来群岛）
Asperococcus tortilis
楷膜藻（墨西哥）
Polycoelia harveyana
伸长海条藻
（大西洋）
Himanthalia elongata
巨大三角藻（硅藻化石）
Triceratium grande
方形藻（硅藻化石）
Eutogonia davyana
日本蛛网藻（硅藻化石）
Arachnoidiscus japonicus
琴状舟形藻（硅藻化石）
Navicula lyra
齿缘墨角藻
（波罗的海）
Fucus serratus

部分藻类会寄生在树懒之类的动物身上。

哪儿不一样

请仔细观察下图中的两株海藻，找出它们的 7 个不同之处。

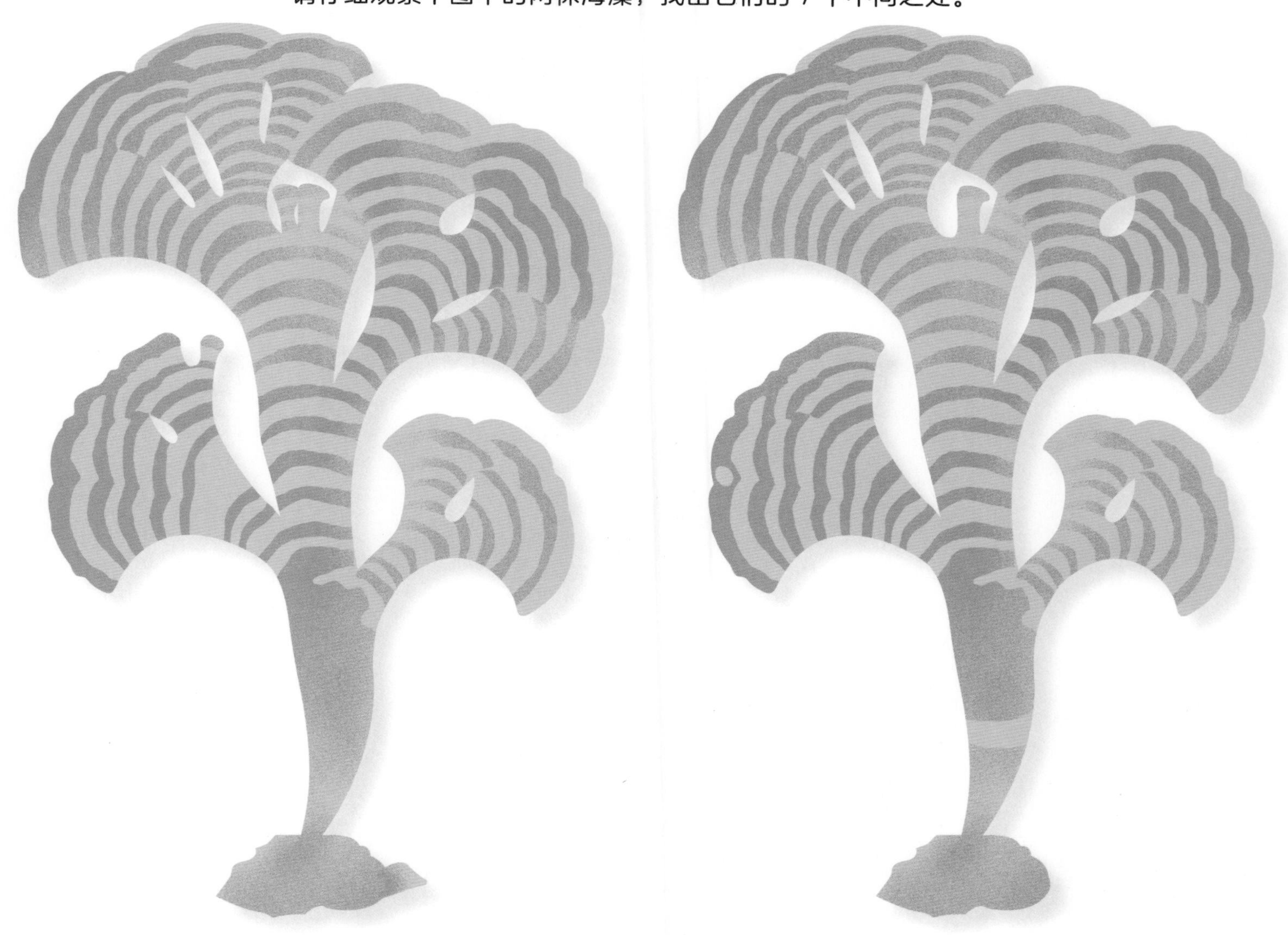

水中生物

请发挥你的想象力，在鱼缸中画上沙子、贝壳、海藻和鱼吧！

理想的生态系统

在澳大利亚海域存在着一种令人难以置信的生态系统，那就是由巨型海藻构成的海藻林。海藻林为多种动物提供了庇护和食物。以海獭为例，它既可以在这里躲避天敌的追捕，又可以在这里繁衍后代，还可以卷起巨大的海藻叶片来躲避湍急的洋流。目前，全球气候变暖威胁到了这一生态系统，海藻林正面临着消失的危险。

从海岸到深海海底，你都能看到十足目动物的身影。十足目动物的外形和大小各不相同，有的很小，属于浮游生物，也有的超过 3.5 米，如日本的巨螯蟹。

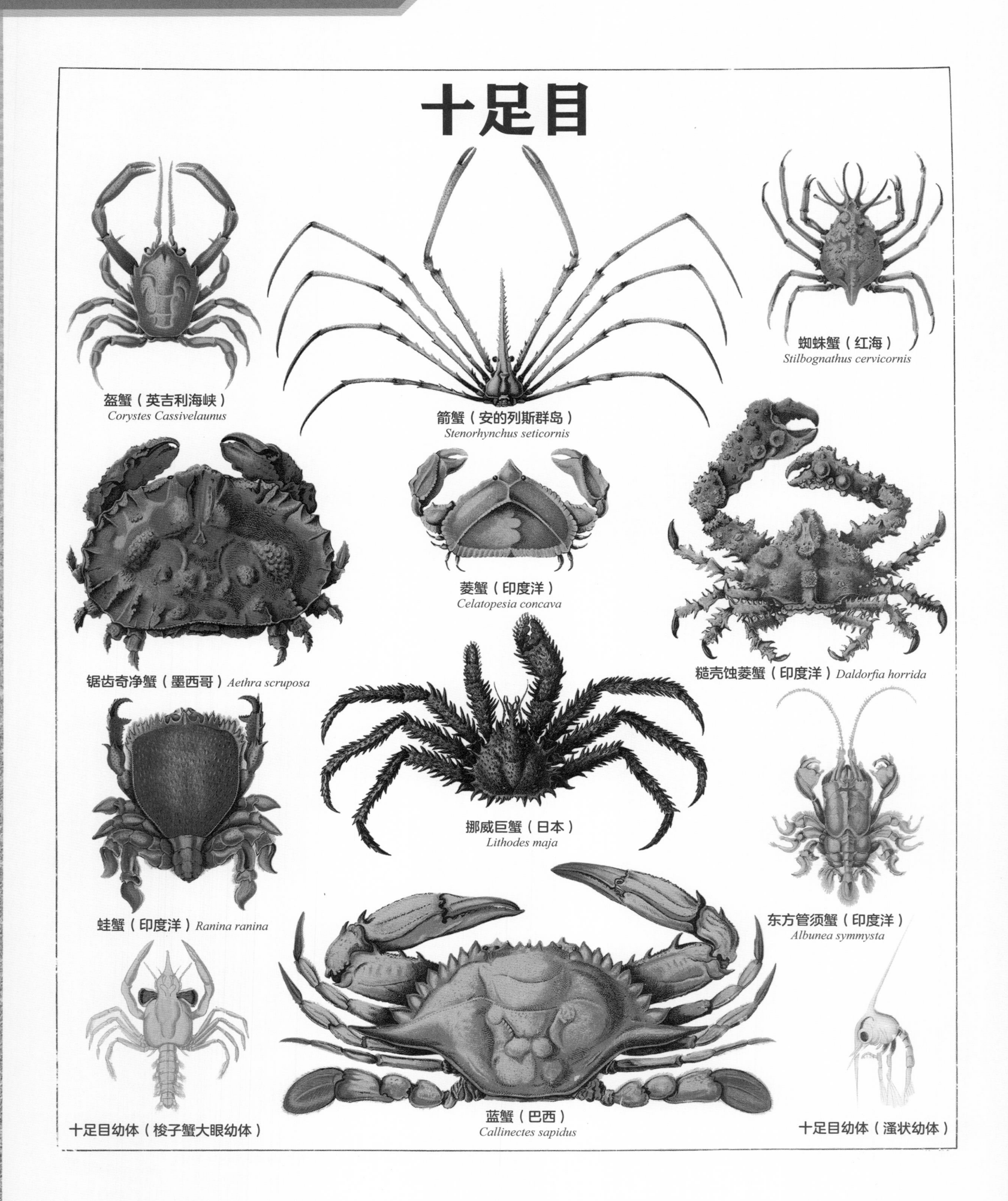

十足目
盔蟹（英吉利海峡）
Corystes Cassivelaunus
箭蟹（安的列斯群岛）
Stenorhynchus seticornis
蜘蛛蟹（红海）
Stilbognathus cervicornis
锯齿奇净蟹（墨西哥）Aethra scruposa
菱蟹（印度洋）
Celatopesia concava
糙壳蚀菱蟹（印度洋）Daldorfia horrida
蛙蟹（印度洋）Ranina ranina
挪威巨蟹（日本）
Lithodes maja
东方管须蟹（印度洋）
Albunea symmysta
十足目幼体（梭子蟹大眼幼体）
蓝蟹（巴西）
Callinectes sapidus
十足目幼体（溞状幼体）

十足目动物会在生长过程中更换自己的甲壳。

拼图游戏

请用书后的贴纸贴出一只位置端正的蓝蟹。

十足目怪物

下图剪影中的每个怪物都是由上一页的
两种十足目动物拼接而来的，
你能认出它们吗？为它们
写下原来的名字并涂上颜色吧！

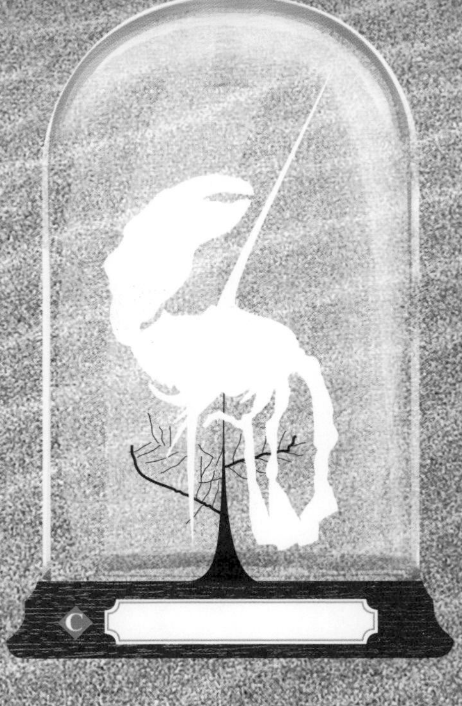
C

A

B

停止过度捕捞

和鱼类、贝壳一样，十足目动物也面临着由过度捕捞所引发的生存危机。在过去很长一段时间里，人们都误以为海洋资源是取之不尽的，但后来人们才发现人类捕捞的速度远远超过了海洋生物繁衍的速度。

蛙会在水中产下数以百计的卵，蝌蚪从卵中发育成形。刚孵化出来的蝌蚪全身都是黑色的，身后拖着的小尾巴让它们能在水中游来游去。一段时间后，蝌蚪的体色会发生改变，接着长出后腿和前腿。等到尾巴也退化不见了，蝌蚪就可以上岸了。

颅骨
指骨
掌骨
腕骨
肩胛骨
胸骨和肩带
肱骨
股骨
紧连在一起的胫腓骨
趾骨
跖骨
髂骨
跗骨

蛙的骨骼

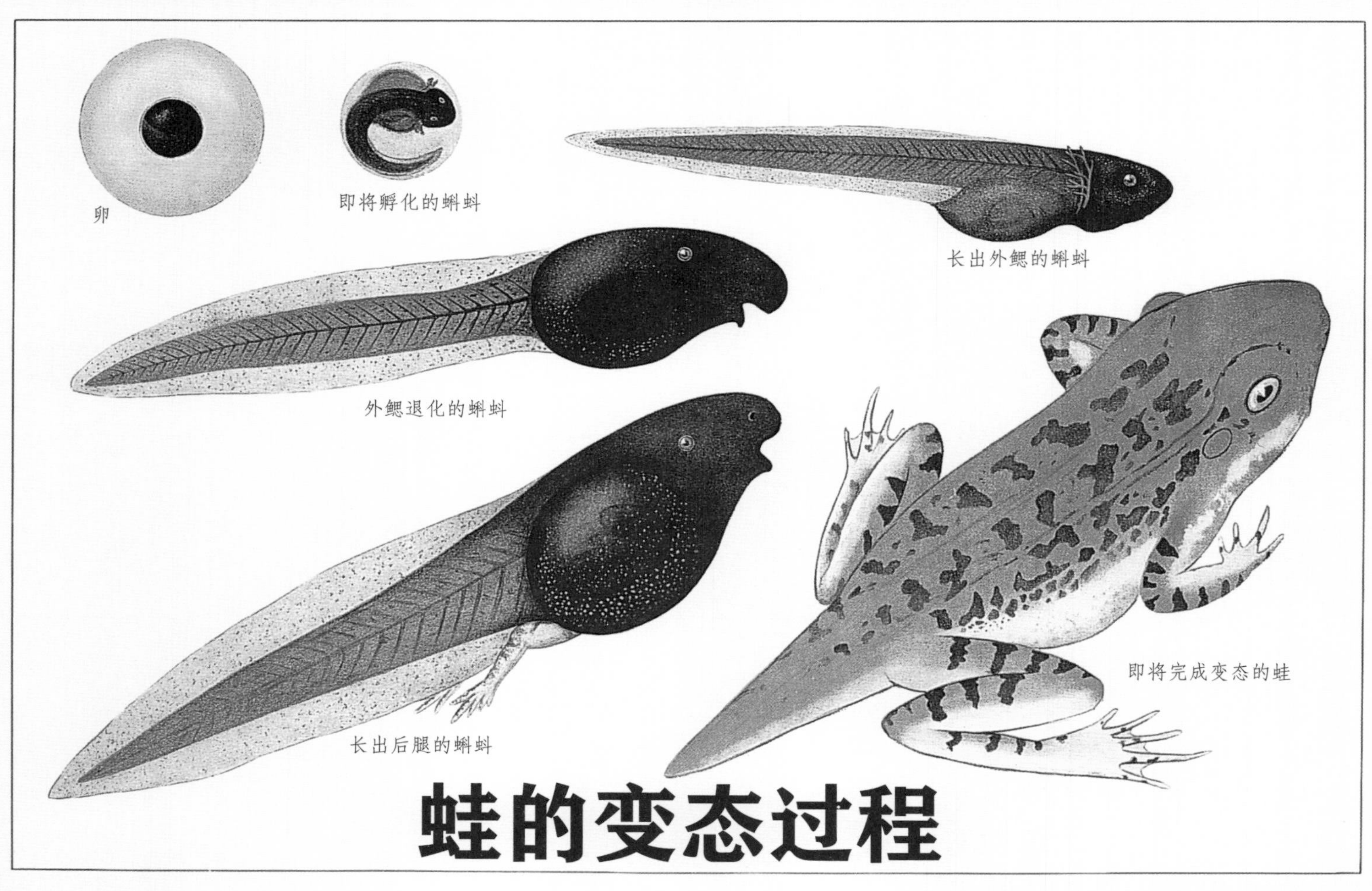

卵
即将孵化的蝌蚪
长出外鳃的蝌蚪
外鳃退化的蝌蚪
长出后腿的蝌蚪
即将完成变态的蛙

蛙的变态过程

蛙是一种两栖动物，它在水中和陆上都能生活。

蛙的变态过程

蝌蚪需要 2~3 个月的时间才能变成蛙，请根据上一页的博物画补完下图中空缺的 3 个阶段。

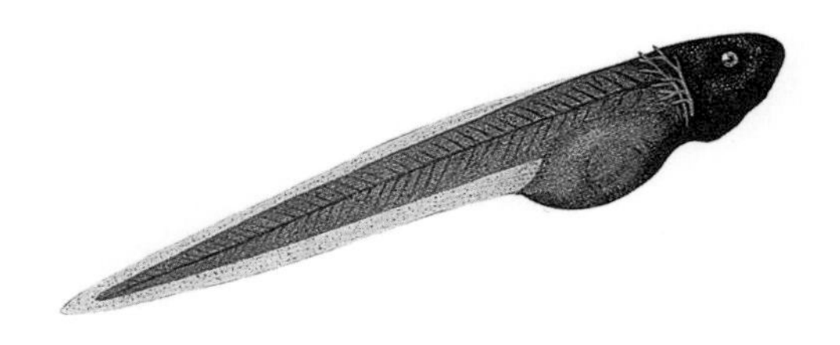

1 长有外鳃的蝌蚪

2 长出后腿的蝌蚪

3 长出 4 条腿的蝌蚪

4 尚未完成变态的蛙

5 完成变态的蛙

青蛙过河

帮助这只小青蛙到达河对岸吧！避开正方形的睡莲，那是渔夫布下的陷阱。

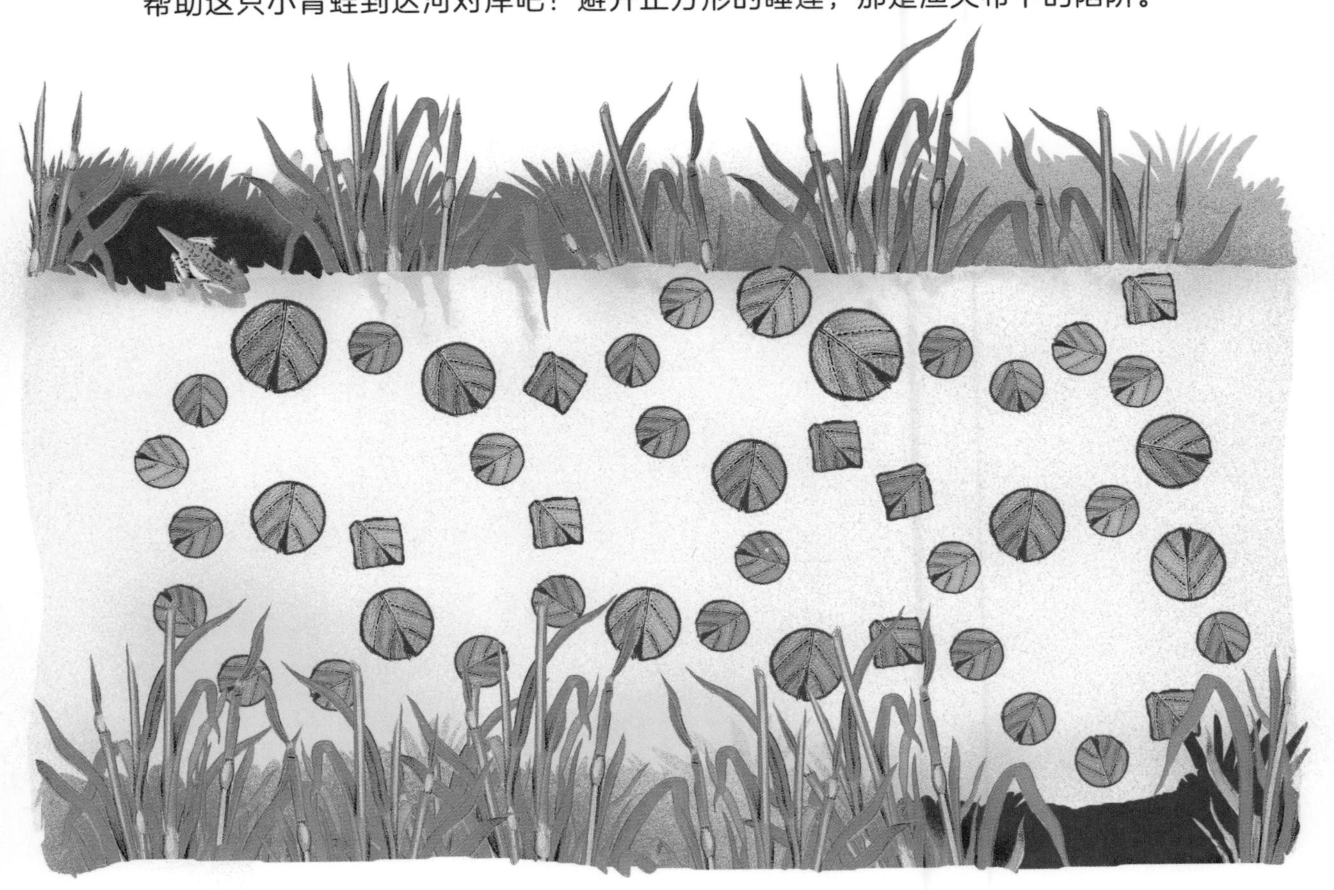

救救蟾蜍

冬天结束时，蟾蜍会本能地前往水潭和池塘产卵。然而，它们往往不得不穿越车来车往的公路，这威胁着蟾蜍的生存。为此，人们已经采取了一些措施来帮助它们，如在公路下方开辟让两栖动物安全通过的专用道路。每年都有数以千计的动物因此得救。

几千年来，人们通过种植谷物来养活自己和其他动物。由谷物制成的面粉可以用来制作面包、蛋糕和意大利面。法国种植谷物的土地面积超过了 900 万公顷，主要作物有硬粒小麦、普通小麦、大麦和软质玉米。

谷物
禾本科植物及其可食用的种子
燕麦
2片稃片中的1片
柱头
有2个柱头的雌蕊
3个雄蕊
玉米
雄穗
雄蕊
小穗
分开以后露出子房的稃片和颖片
雌蕊
种子放大图
雌花
黍
花苞
盛开的花
种子放大图
水稻
种子放大图
花苞
稃片
雄蕊
2片颖片
小麦花的小穗
柱头
雌蕊
3个雄蕊
花放大图
子叶
胚芽
胚根
种子剖面放大图
种子放大图
黑麦
六棱大麦
种子放大图
大麦
种子放大图
二粒小麦
种子放大图
圆锥小麦
种子放大图
没有麦芒的普通小麦
种子放大图
硬粒小麦
种子放大图
有麦芒的普通小麦

水稻是世界上消费最多的谷物，它是世界上半数以上人口的主要粮食。

穿过田野

请根据上一页的博物画，分辨以下 3 种谷物，试着在横线上填入对应的名称。

我主要被培养来酿造啤酒。

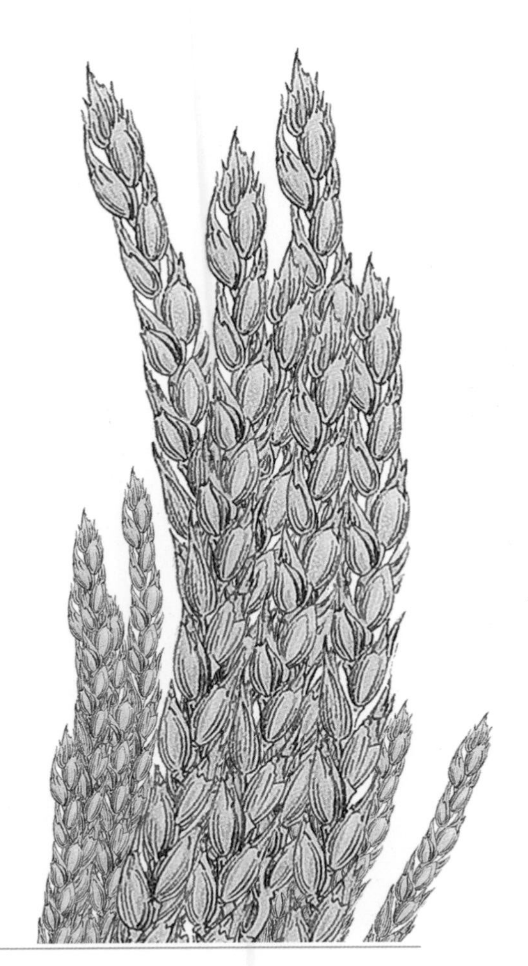

有人叫我“小麦元老”，这种叫法十分贴切，因为我和单粒小麦都是人类最早种植的谷物之一。

我是在法国被种植最多的谷物。

1 ………………………………

2 ………………………………

3 ………………………………

几粒种子

已知 A 瓶中含有 24 粒种子，B 瓶中种子的数量是 A 瓶的两倍，C 瓶中种子的数量是 B 瓶的三分之一，D 瓶中种子的数量是 B 瓶和 C 瓶的总和，请问 B 瓶、C 瓶和 D 瓶中各有几粒种子？

24
A
D

转基因作物，有益还是有害

眼下，某些谷物的基因在实验室被进行了调整。例如，有些玉米被加入了对抗虫害的基因，这对人们有很大的好处。大型农业食品公司往往鼓励种植转基因作物，因为这会给他们带来极大的利益。问题是，我们到目前为止还不确定转基因作物会对食用了它的昆虫或人类造成何种负面影响。因此对于转基因作物，我们应该保持更为谨慎的态度。

橄榄树是地中海地区最具代表性的植物，经过腌制的橄榄和用橄榄榨的橄榄油广受欢迎。为了制作橄榄油，人们会将橄榄洗净、碾碎并搅拌成果泥，再压榨橄榄泥来提取橄榄油，最后对橄榄油进行过滤以获得透明纯净的成品。

橄榄油
橄榄花
橄榄研磨机
开满了花的橄榄枝
橄榄树
橄榄枝
罐子
油
玻璃瓶
油
油
蛋黄酱
陶土瓶
黑橄榄
青橄榄
瓮
沙拉
调料瓶架

制作 1 升橄榄油需要消耗 5 千克的橄榄。

美梦成真

请按从 1 到 135 的顺序将图上的点连接起来，看看是谁在橄榄树的枝头睡着了？发挥你的想象，把它的梦画在气泡里。

橄榄树

橄榄树原产于地中海地区，是普罗旺斯的代表性植物。橄榄树的生命力很强，除了那些非常潮湿的土壤，它能在几乎所有类型的土地上生长，因为橄榄树的生长需要的水很少。橄榄树的果实可以用来榨取著名的橄榄油，这使它广受欢迎。橄榄树的种植历史可以追溯到希腊时期，有的橄榄树甚至超过了1000岁！

制作普罗旺斯酱

需成年人在旁指导

250克去核黑橄榄

2汤匙刺山柑花蕾

1个大蒜

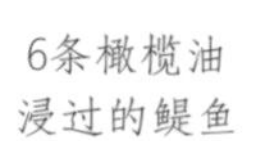

6条橄榄油浸过的鳀鱼

1汤匙橄榄油

将原材料全部放入搅拌机混合，等搅拌均匀就做好了！

为了一年四季都能品尝到夏季水果的美味，人们制作了草莓酱、杏子酱、覆盆子酱、黑茶藨子酱和桃子酱等美味的果酱。一般来说，任何水果都可以被做成果酱，但像红茶藨子和榅桲这样的水果更适合被做成果冻。果酱的吃法很多，你可以在早餐的时候把它涂在面包片上，或是拿它搭配煎饼、圆面包、蛋糕和酸奶……

果酱
樱桃
李
杏
覆盆子
圆锥状糖块
红茶藨子
草莓
果酱盆
榅桲
梨
苹果
桃
李子酱
杏子酱
果酱
果酱碗
果酱罐

果酱的配方是由十字军在公元 11 世纪从东方带到欧洲的。

果酱大王

请根据上一页的博物画，仔细观察这些果酱罐背后的剪影，猜猜每一罐果酱里有什么水果。在瓶身的标签上写上水果的名称，并在盖子上画上对应的图案。

1

2

3

4

5

制作杏子酱

需成年人在旁指导

1千克成熟的杏

900克糖

果酱盆或炖锅

❶ 将 1 千克杏用水洗净，切成两半并去核，将 900 克糖和去核后的杏放入果酱盆或炖锅中混合。
❷ 将混合物放入冰箱一整夜。
❸ 用旺火将混合物烧至沸腾后继续煮 15 分钟，其间不时搅拌和撇去泡沫以防粘底，然后调低火力直至混合物变稠。什么时候果酱算完成呢？只要舀一点果酱到冷的碟子中，如果它立刻凝住，就说明已经好了。
❹ 为了更好地保存果酱，在将果酱倒入果酱瓶前，应该先将瓶子和瓶盖用开水烫过，并完全晾干。
❺ 将黏稠的杏子酱倒入瓶中，盖好瓶盖并将瓶子倒扣。等到果酱变冷，再把它们放回原位。当果酱瓶很烫时，你一定要格外小心。

你可以在书末找到一些漂亮的标签，选一个你喜欢的，贴在瓶子上来装点你的果酱瓶吧。

收获水果

如果你家里正好种果树，那就直接从树上采摘成熟的水果，然后放到柳条筐里。如果你没有果树，也可以在市场上买到很好的水果！

爬行动物和两栖动物是一群既让人厌恶又令人着迷的动物。蟾蜍、蛇、乌龟、蜥蜴以及蝾螈都是其中的一员。它们都是冷血动物，既能在陆上生活，也能在水中生活。爬行动物的身体表面覆盖着鳞片，而两栖动物的身体表面则很光滑。

爬行动物和两栖动物

加拉帕戈斯象龟（加拉帕戈斯群岛）
Chelonoidis nigra

棱皮龟（大西洋）
Dermochelys coriacea

蜥蜴（欧洲）
Podarcis muralis

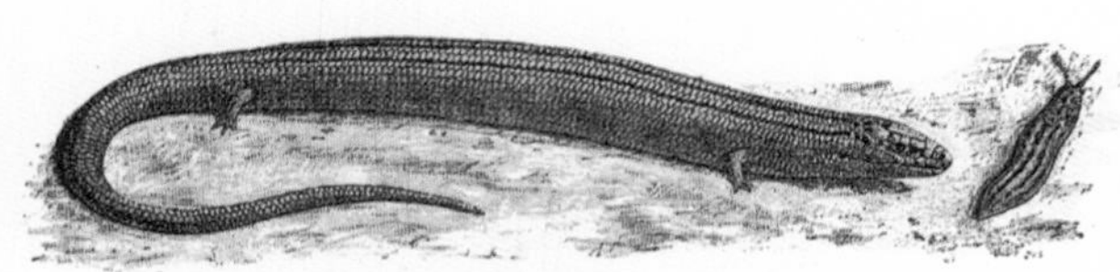

石龙子（欧洲）
Chalcides chalcides

黄水蚺（巴西）
Eunectes notaeus

土耳其蜥虎（欧洲）
Hemidactylus turcicus

极北蝰（欧洲）
Vipera berus

水游蛇（欧洲）
Natrix natrix

苏利南爪蟾（巴西）
Pipa pipa

美国树蟾（欧洲）
Hyla cinerea

湖侧褶蛙（欧洲）
Pelophylax ridibundus

斑点蝾螈（欧洲）
Salamandra maculosa

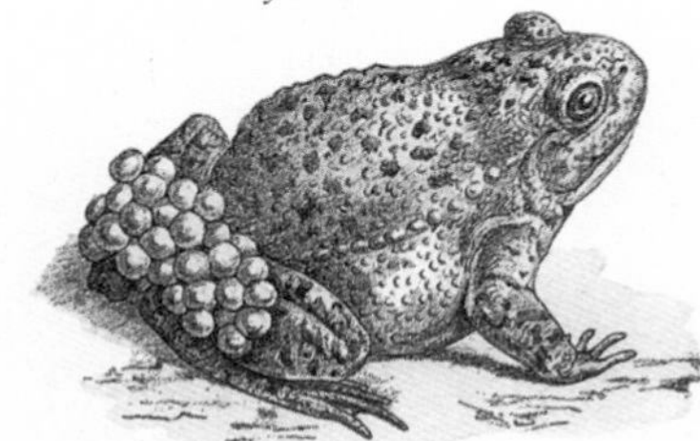

产婆蟾（欧洲）
Alytes obstetricans

冠欧螈（欧洲）
Triturus cristatus

爬行动物在开始活动前，会晒很长时间的太阳，从而让身体温暖起来并获得能量。

不要怕

别被这么多蛇吓到了！鼓起勇气为它们画上皮肤吧！

动物俗语

请将下列与爬行动物和两栖动物有关的俗语补充完整。

1. 打蛇打 ....，挖树先挖根。
2. 一朝被 .... 咬，十年怕井绳。
3. 人心不足 .... 吞象。
4. .... 想吃天鹅肉。
5. .... 出洞，下雨靠得稳。
6. 燕子低飞 .... 过道，鸡晚宿窝蛤蟆叫。

危机四伏

爬行动物由于它们的食用、药用和皮具价值成为人类偷猎的牺牲品。它们的皮经过鞣制之后，会被拿来制作鞋、包、手环等。同时，它们的栖息地随着砍伐树林、水质污染和城市发展正在逐渐消失。如，海龟因为误食塑料袋而遭遇生命危险，它们还经常被捕金枪鱼的渔船所布下的渔网困住。

虽然背侧没有脊柱，且通常体形较小，但无脊椎动物已经定居在整个地球上，并占动物总物种数的 95% 以上。早在 5 亿年前的海洋中，无脊椎动物就是最早开始进化的那批物种，现在的海洋也是无脊椎动物的大本营。

软体动物

软体动物在陆地上和海洋中均有分布。它们拥有柔软的身体，身体外侧通常被由分泌物形成的坚硬外壳覆盖。有的软体动物用肺呼吸，有的则通过鳃进行呼吸。

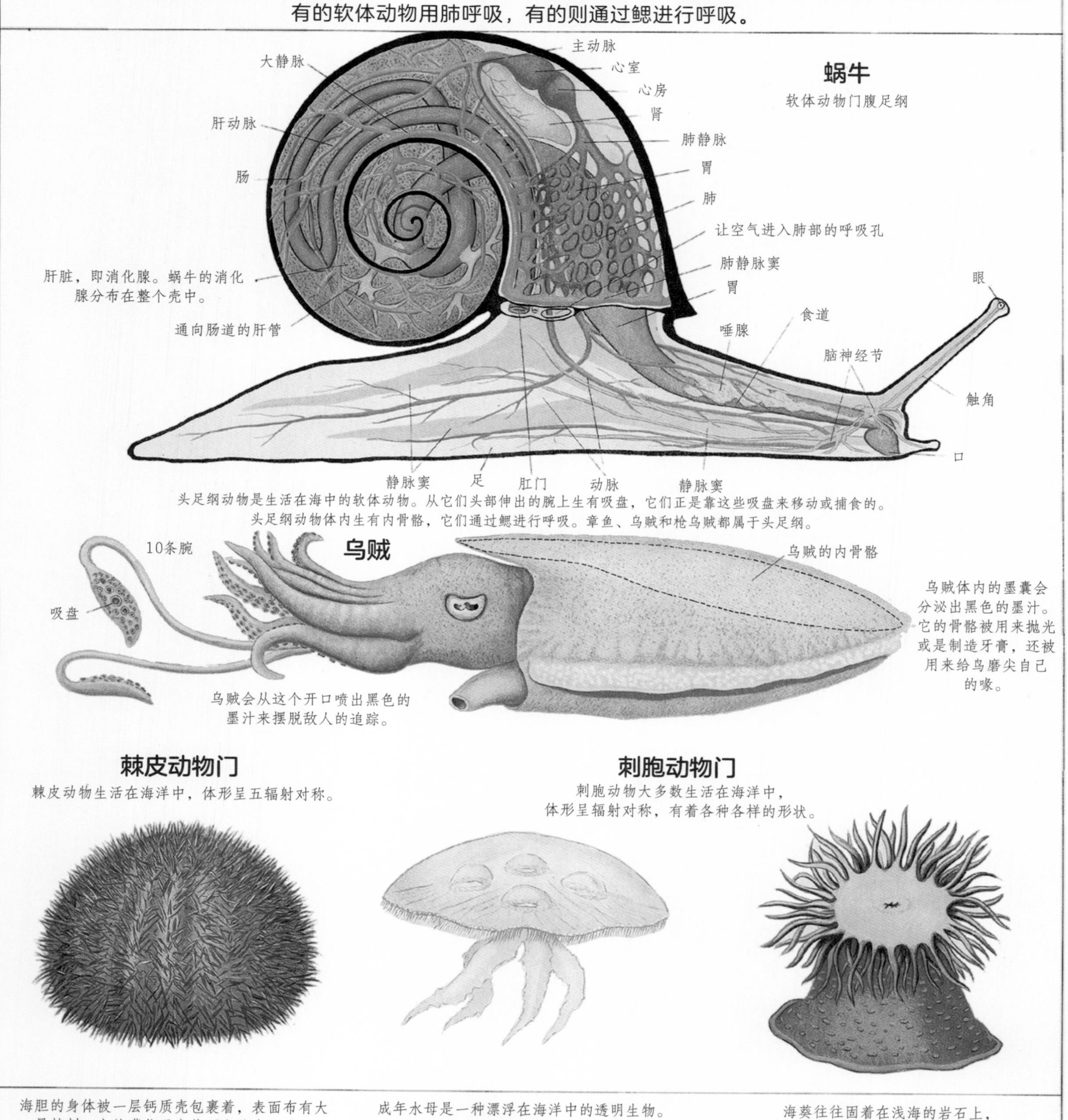

蜗牛
软体动物门腹足纲
主动脉
心室
心房
肾
大静脉
肝动脉
肺静脉
胃
肠
肺
让空气进入肺部的呼吸孔
肺静脉窦
胃
肝脏，即消化腺。蜗牛的消化腺分布在整个壳中。
通向肠道的肝管
唾腺
食道
眼
脑神经节
触角
口
静脉窦
足
肛门
动脉
静脉窦
头足纲动物是生活在海中的软体动物。从它们头部伸出的腕上生有吸盘，它们正是靠这些吸盘来移动或捕食的。
头足纲动物体内生有内骨骼，它们通过鳃进行呼吸。章鱼、乌贼和枪乌贼都属于头足纲。
10条腕
乌贼
乌贼的内骨骼
吸盘
乌贼体内的墨囊会分泌出黑色的墨汁。它的骨骼被用来抛光或是制造牙膏，还被用来给鸟磨尖自己的喙。
乌贼会从这个开口喷出黑色的墨汁来摆脱敌人的追踪。
棘皮动物门
棘皮动物生活在海洋中，体形呈五辐射对称。
刺胞动物门
刺胞动物大多数生活在海洋中，体形呈辐射对称，有着各种各样的形状。

海胆的身体被一层钙质壳包裹着，表面布有大量棘刺。它的嘴位于身体下方的中心处。

成年水母是一种漂浮在海洋中的透明生物。水母也会依附在海底岩石上。不同水母间的外形相差很大。

海葵往往固着在浅海的岩石上，会用触手捕捉猎物。

如果受到攻击，乌贼会喷出一团浓厚的黑墨，来让敌人的视觉和嗅觉暂时陷入瘫痪。

是谁偷吃了卷心菜

请沿着这些蜗牛留下的痕迹追踪，看看是哪一只蜗牛啃坏了卷心菜？

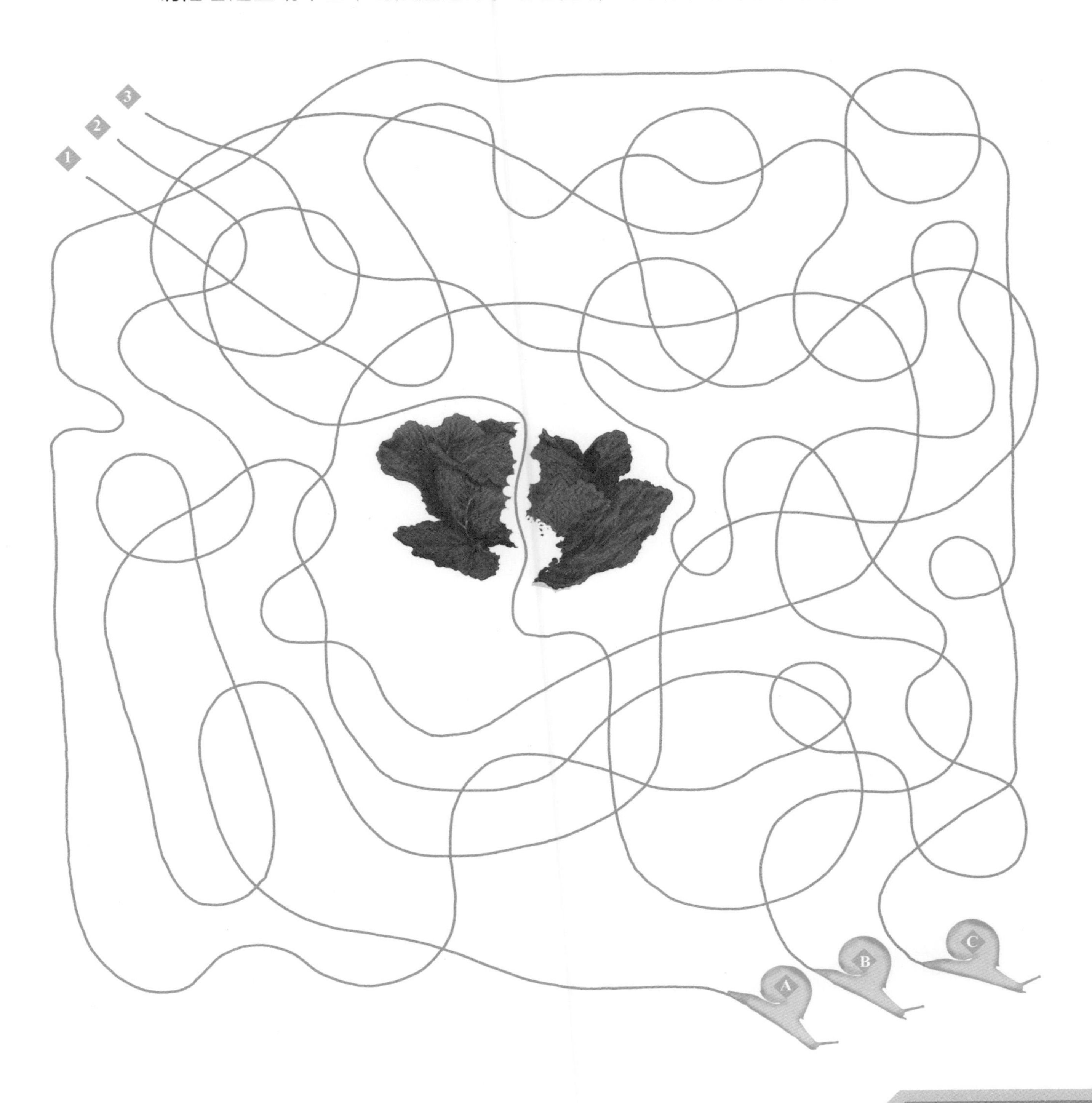
1
2
3
A
B
C

蛤子、贻贝和牡蛎等动物都属于双壳纲。如果你在海边捡到了它们的贝壳，可以把它们做成美味的糖果！

制作糖果

需成年人在旁指导

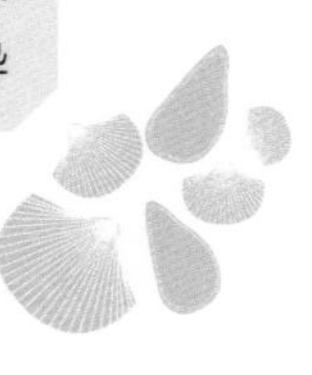

贝壳

20块糖

炖锅

装满水的碗

蜂蜜

1. 将贝壳洗净。
2. 将20块糖和一勺蜂蜜放入装满水的碗中，再将碗放入炖锅中。
3. 用小火加热，并不断搅拌。
4. 当碗内的焦糖呈现迷人的棕色时，将它倒入各个贝壳中。
5. 等到焦糖冷却，你就可以享受美味的糖果了！

水母入侵

近年来，地中海地区的海岸每年夏天都会被夜光游水母入侵。这种水母虽然不会造成人类生命危险，但被它蜇过的地方会非常痛。如此大规模的水母入侵，主要是由于全球变暖导致的水温升高，也由于它们的天敌——海龟的逐渐消失。因将塑料袋误认为水母吞下，海龟的数量正在急剧减少。

和其他鸟类一样，母鸡通过生蛋的方式来繁衍后代。母鸡在 5~6 个月大时就会开始下蛋，但只有当它与公鸡交配后，它下的蛋才能孵出小鸡。一般情况下，经过母鸡孵化的受精蛋在 21 天后会钻出小鸡。

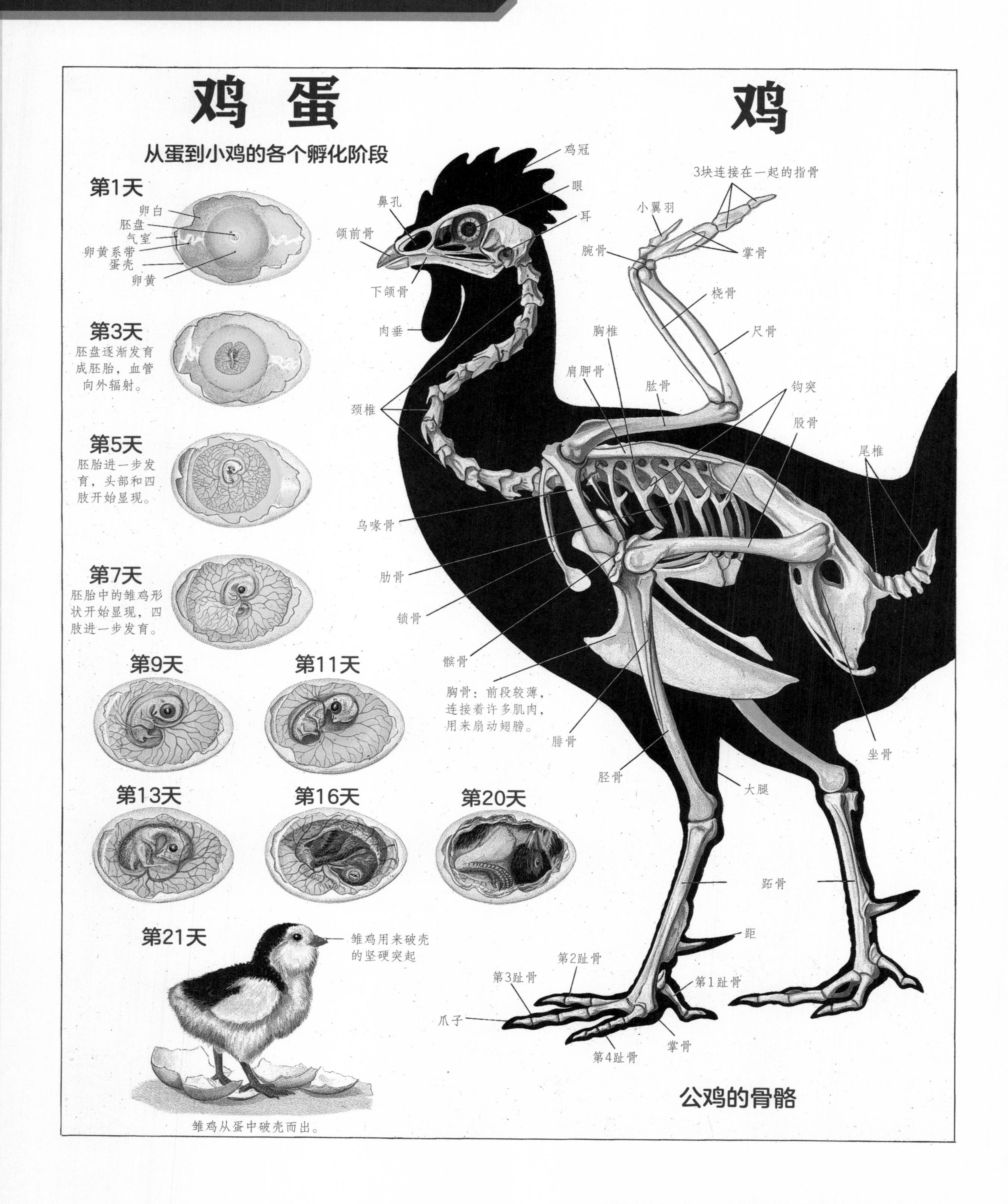

鸡蛋
从蛋到小鸡的各个孵化阶段
第1天
卵白
胚盘
气室
卵黄系带
蛋壳
卵黄
第3天
胚盘逐渐发育成胚胎，血管向外辐射。
第5天
胚胎进一步发育，头部和四肢开始显现。
第7天
胚胎中的雏鸡形状开始显现，四肢进一步发育。
第9天
第11天
第13天
第16天
第20天
第21天
雏鸡用来破壳的坚硬突起
雏鸡从蛋中破壳而出。
鸡
鸡冠
眼
耳
鼻孔
颌前骨
下颌骨
肉垂
颈椎
3块连接在一起的指骨
小翼羽
腕骨
掌骨
桡骨
尺骨
胸椎
肩胛骨
肱骨
钩突
股骨
尾椎
乌喙骨
肋骨
锁骨
髌骨
胸骨：前段较薄，连接着许多肌肉，用来扇动翅膀。
腓骨
胫骨
大腿
坐骨
跖骨
距
第2趾骨
第3趾骨
第1趾骨
爪子
掌骨
第4趾骨
公鸡的骨骼

母鸡的生蛋节奏最好是每天生 1 个蛋，连续 3 天，然后休息 1 天；或是每天生 1 个蛋，连续 7 天，然后休息 2 天。

不速之客

有人在这幅公鸡的骨骼图上添加了 15 根实际并不存在的骨头，
请用黑笔把它们涂掉吧。

破壳而出

以下 5 张图简要记录了鸡蛋从刚刚落地到即将孵出小鸡的过程，
请按照从早到晚的时间顺序为它们编上 1~5 号。

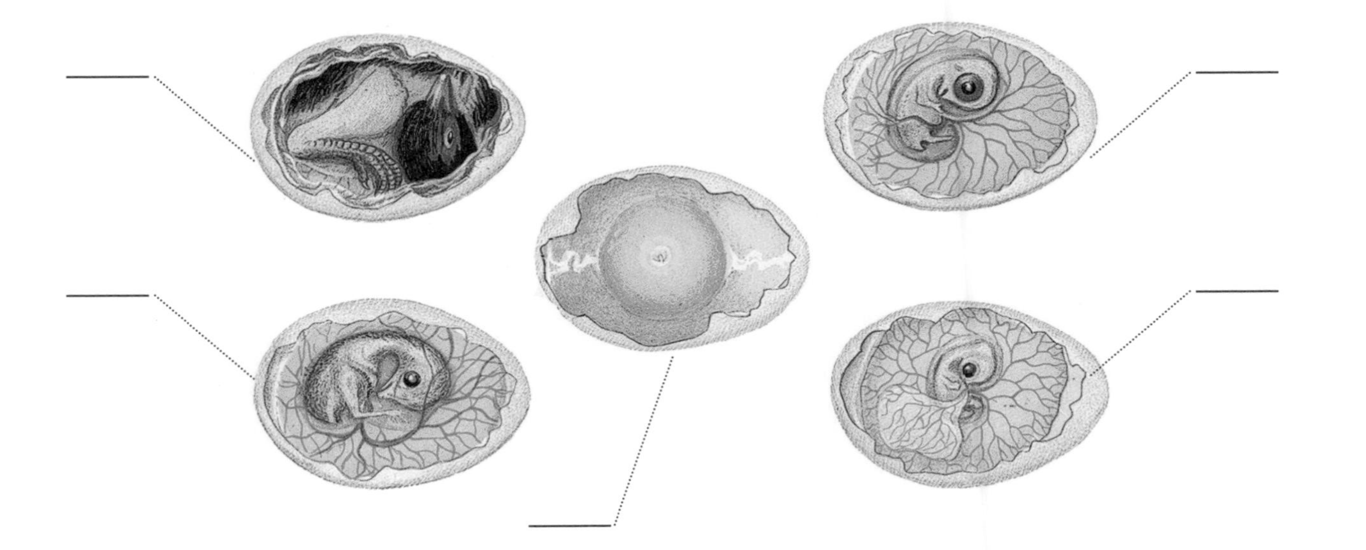

蛋鸡品种

- 来航鸡
- 罗德岛红鸡
- 新汉夏鸡
- 布雷斯鸡
- 加蒂奈鸡
- 怀恩多特鸡
- 波旁鸡
- 巴讷费尔德鸡
- 马朗鸡
- 阿尔萨斯鸡
- 阿登鸡
- 乌当鸡
- 朗德鸡
- 加斯科涅鸡
- 芒特鸡
- 弗莱什鸡

菌类是一种特殊的植物，它们没有茎、叶、根。菌类通常生长在树木脚下的泥土中，它们以土壤中的分解元素为食，并将其转化为堆肥。菌类是大自然的垃圾收集者。

食 = 无毒可食用
毒 = 有毒
疑 = 不确定是否具有毒性
菌 类
担子菌纲 层菌纲 伞菌纲
菌类没有外部特征来帮助人们识别是可食用的还是有毒的，因此在挑选菌类时必须非常谨慎。每年都有许多食用菌类中毒和死亡的案例。因此，我们应该避免食用不确定是否有毒的菌类。
毒 橙黄鹅膏 Amanita citrina
食 橙盖鹅膏 Amanita caesarea
食 高环柄菇 Lepiota procera
毒 褐鳞环柄菇 Lepiota helveola
毒 豹斑鹅膏 Amanita pantherina
毒 毒蝇鹅膏 Amanita muscaria
食 桔黄蜜环菌 Tricholoma aurantium
食 香杏丽蘑 Calocybe gambosa
毒 硫色口蘑 Tricholoma sulphureum
食 栎金钱菌 Gymnopus dryophilus
食 梭柄金钱菌 Gymnopus fusipes
食 烟云杯伞 Clitocybe nebularis
食 灰假杯伞 Pseudoclitocybe cyathiformis
疑 洁小菇 Mycena pura
食 平菇 Pleurotus ostreatus
疑 锥形湿伞 Hygrocybe conica
食 鸡油菌 Cantharellus cibarius
毒 红乳菇 Lactarius rufus
食 松乳菇 Lactarius deliciosus
食 辣乳菇 Lactarius piperatus
疑 绒白乳菇 Lactarius vellereus
毒 鳞皮扇菇 Panellus stipticus
食 硬柄小皮伞 Marasmius oreades
食 变绿红菇 Russula virescens
食 蓝黄红菇 Russula cyanoxantha
毒 毒红菇 Russula emetica

在草地或是灌木中生长的 3000~4000 种菌类中，只有一些是可食用的。

我是谁

请仔细阅读以下描述并观察图片，将对应的菌类名称填在横线上。你还可以为它们涂上颜色。

菌褶
菌盖
菌环
菌柄

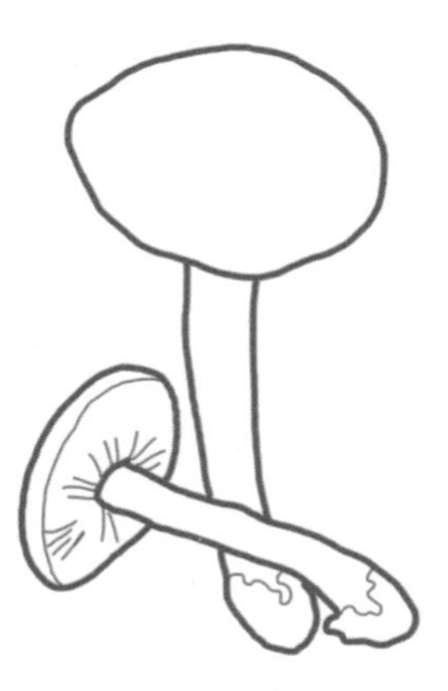

❶ ....

- 我的菌盖、菌褶和菌柄都是黄色的，这使人们很容易就能认出我来。
- 我散发出强烈的臭味，所以被称作“臭气阀”。
- 我主要生长在阔叶林中，但在7月~10月间，你在针叶树脚下也能找到我。

❷ ....

- 我的菌盖是灰色的，摸上去光滑肥厚。我排列紧凑的白色菌褶下几乎看不到菌柄。
- 我的肉很鲜美，但随着年龄的增长，我会变得像橡胶一样。
- 在9月~11月间，我成簇生长在杨树、栎树和胡桃树脚下。

❸ ....

- 我的菌盖最开始像一个橙色的鸡蛋，随着我的长大，它变成了花萼的形状。
- 我的菌盖边缘、菌褶和菌柄都呈现一种漂亮的金黄色。
- 在6月~11月间，我生长在潮湿的灌木丛中。

❹ ....

- 我的菌盖是漂亮的鲜红色，它向上突起，上面布满了白色的颗粒状鳞片。我的菌柄和菌环是白色的。
- 我经常出现在写给孩子看的书里。
- 在8月~11月间，我经常出现在桦树和云杉的树脚下。我体内含有剧毒，千万不要来采我哟。

❺ ....

- 我的菌盖上有裂缝，边缘向下内卷。菌盖的平均直径为2~4厘米，呈现出白色、黄色或肉桂色，看起来像一只耳朵。
- 我一年中的大部分时间都生长在各种腐烂的树干上。
- 我体内有毒，人们从来不会采我回去做菜。

毒蘑菇有危险

以下3张图中，哪一张图中的菌类是有毒的？

❶

❷ ❸

采摘菌类的3条规则

❶ 采摘整个蘑菇，包括菌盖和菌柄，以便准确地识别出它们。记得将根留在地上，可能会长出新的菌菇。

❷ 只采摘你已经确定可食用的菌类。

❸ 在享用采摘到的菌类之前，先把它们拿给药剂师看看。

全程需有成人陪同

蠕虫是一种无脊椎动物，体内没有骨骼，身体柔软而细长。蠕虫按体形主要分为 3 种：扁虫、带虫和环虫。以下博物画展示了一些寄生在人体或其他动物体内的寄生虫，还展示了一些海洋蠕虫。

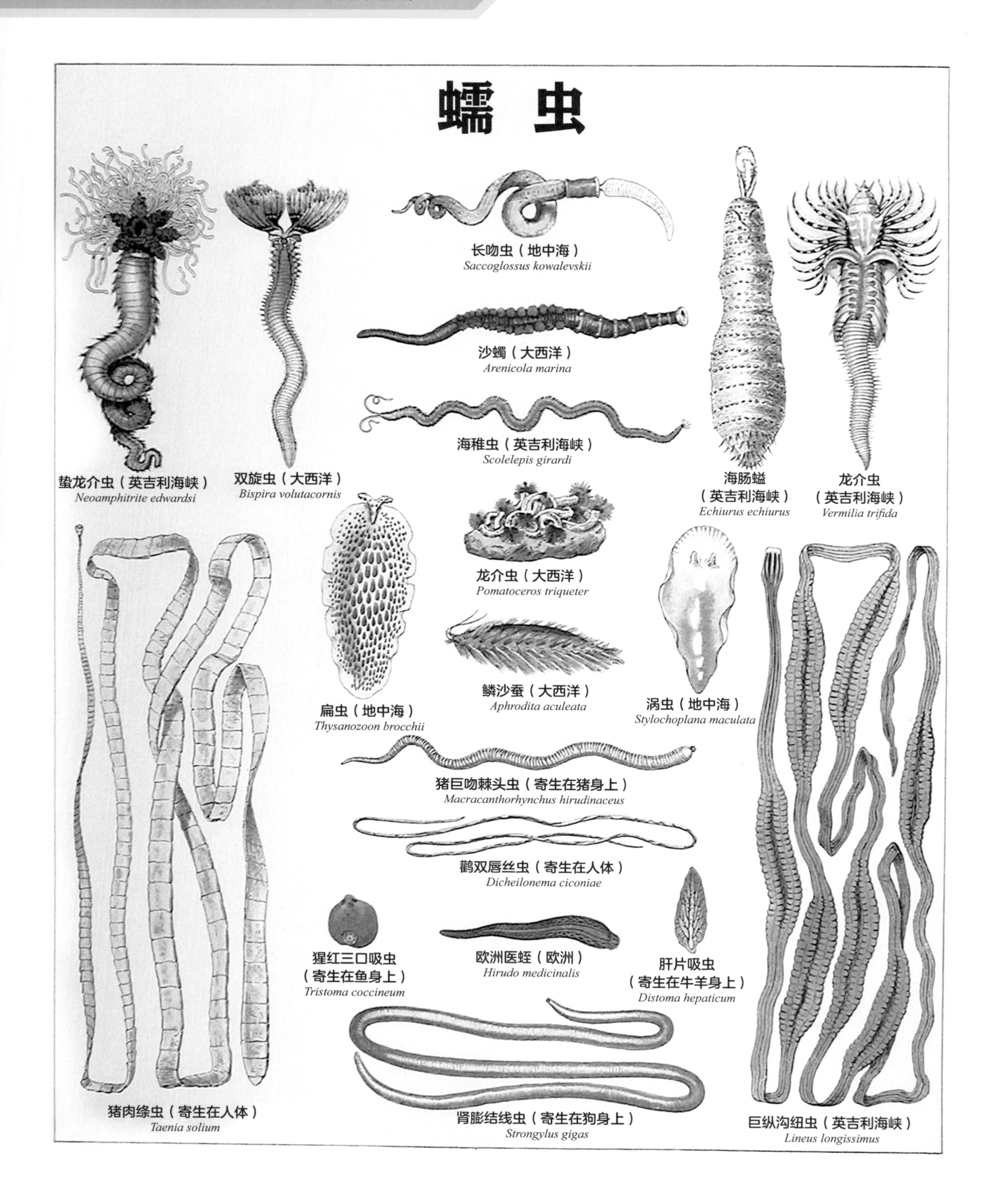

蠕 虫
蛰龙介虫（英吉利海峡）
Neoamphitrite edwardsi
双旋虫（大西洋）
Bispira volutacornis
长吻虫（地中海）
Saccoglossus kowalevskii
沙蠋（大西洋）
Arenicola marina
海稚虫（英吉利海峡）
Scolelepis girardi
海肠螠（英吉利海峡）
Echiurus echiurus
龙介虫（英吉利海峡）
Vermilia trifida
龙介虫（大西洋）
Pomatoceros triqueter
扁虫（地中海）
Thysanozoon brocchii
鳞沙蚕（大西洋）
Aphrodita aculeata
涡虫（地中海）
Stylochoplana maculata
猪巨吻棘头虫（寄生在猪身上）
Macracanthorhynchus hirudinaceus
鹳双唇丝虫（寄生在人体）
Dicheilonema ciconiae
猩红三口吸虫（寄生在鱼身上）
Tristoma coccineum
欧洲医蛭（欧洲）
Hirudo medicinalis
肝片吸虫（寄生在牛羊身上）
Distoma hepaticum
猪肉绦虫（寄生在人体）
Taenia solium
肾膨结线虫（寄生在狗身上）
Strongylus gigas
巨纵沟纽虫（英吉利海峡）
Lineus longissimus

世界上生活着 45 000 多种蠕虫。

蚯蚓生态观察

为了近距离观察蚯蚓，你可以制作一个观察皿。

一个带盖子的透明塑料阔口瓶

带尖头的长针

树叶

沙子

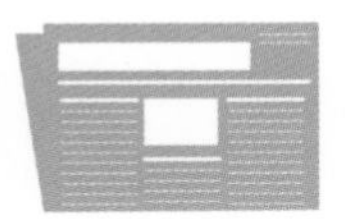
旧报纸

腐殖质土

果皮和蔬菜皮

蚯蚓对农业很有帮助。它们在土地里钻来钻去的时候松了土，使土地变得肥沃。经蚯蚓翻松过的土地能更好地吸收水分，植物能长得更好！

1 在阔口瓶的瓶盖和瓶底戳几个洞。

2 在瓶子里依次铺上 10 厘米高的沙子、旧报纸、树叶、腐殖质土，然后再覆盖上沙子，最后撒上果皮和蔬菜皮来喂蚯蚓。

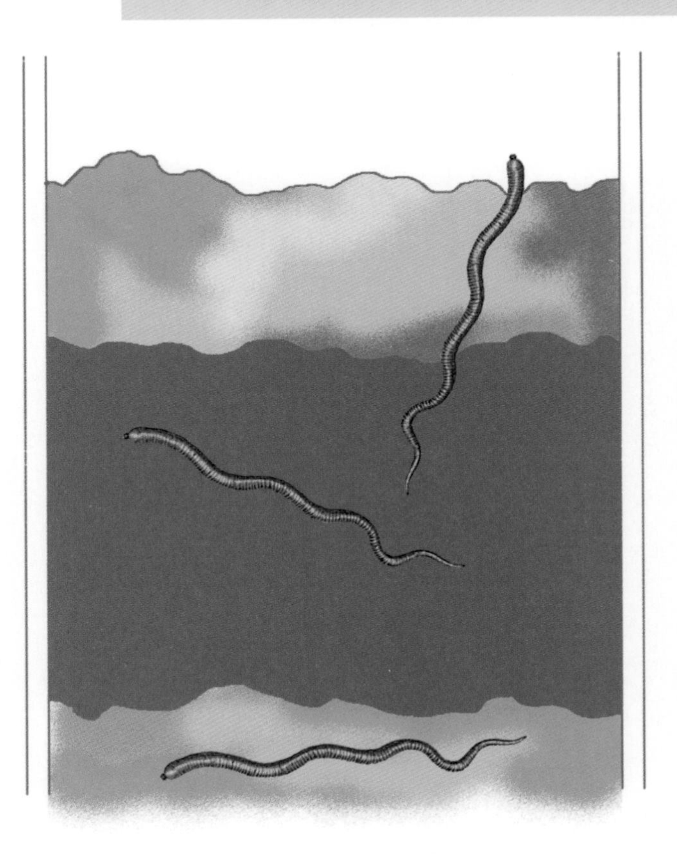
3 从花园里收集几条蚯蚓，将它们放入瓶中并盖好盖子。将阔口瓶放在阴凉干燥的避光处。你可以透过透明的瓶身观察蚯蚓松土的过程。

家庭清道夫

借助蚯蚓的帮助，人们可以循环利用蔬菜皮、果皮、咖啡渣、蛋壳和剩饭等厨余垃圾。蚯蚓在食用这些垃圾之后会将它们转化为蚯蚓粪，它富含多种营养物质，是花园里的理想肥料。

是真还是假

1 猪肉绦虫外观呈扁形。它寄生在人体内。

2 肾膨结线虫是一种寄生在狗体内的圆形蠕虫。

3 欧洲医蛭因其吸血特性被用在医疗上。它最多可以长到 12 厘米。

4 沙蠋是一种环状蠕虫。它生活在沙子中，很容易被发现，因为它总是在身后留下一团乱沙。

牛

在牧场

1 → 奶；2 → 奶；3 → 肉；4 → 奶 肉 无；5 → 奶 无；
6 → 奶；7 → 奶；8 → 无；9 → 肉

昆虫

蚕宝宝回家记

1 → C；2 → B；3 → A

果实和种子，萌芽

整理花园

1 → B；2 → C；3 → D；4 → A

树木

树荫下

1 软树蕨
2 钻天杨。这是一种落叶树，它的叶子会在冬天掉落
3 小叶丝兰
4 岩生酒瓶树
5 蓝桉
6 无花果树。这是一种落叶树，它的叶子会在冬天掉落
7 龙血树
8 海岸松

随着对自然界的深入探索，人类不断修正生物命名法。因此，在过去的两个世纪里，许多动植物不断改换分类。世界上有叶子宽大的阔叶树，也有叶如针状的针叶树，大部分阔叶树的树叶会在深秋掉落，我们称它们为落叶树。但有些树的树叶不会固定在秋冬换季时掉落，如桉树、冬青、月桂树、栓皮栎等，它们被称为常青树。

蝴蝶和蛾

是谁混了进来

鸟

哪儿不一样

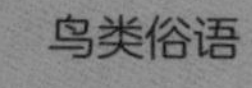

鸟类俗语

1 鸟儿；
2 鸟为食亡；
3 雁过留声；
4 燕雀

蜂蜜和蜂蜡

红色警报

应该走中间那条路。

可可豆

谁混了进来

藻类

哪儿不一样

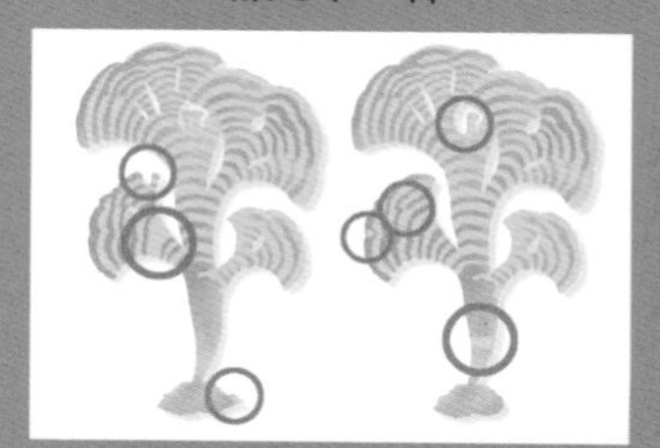

十足目

十足目怪物

A 糙壳蚀菱蟹+东方管须蟹；B 蜘蛛蟹+盔蟹；C 菱蟹+溞状幼体

蛙的骨骼，蛙的变态过程

青蛙过河

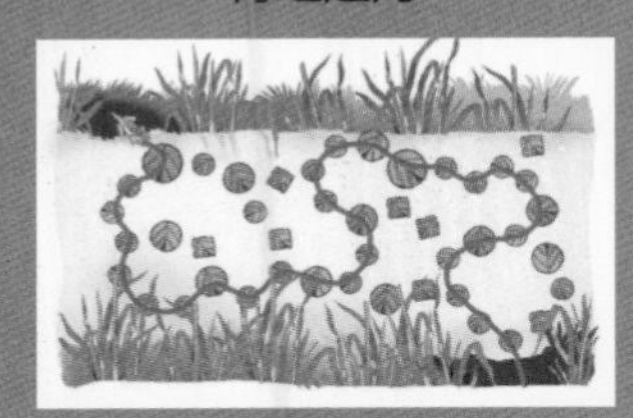

谷 物

穿过田野

❶ 大麦；❷ 二粒小麦；❸ 普通小麦

几粒种子

Ⓐ 24粒；Ⓑ 48粒；Ⓒ 16粒；Ⓓ 64粒

橄榄油

美梦成真

果 酱

果酱大王

❶ 李；❷ 红茶藨子；❸ 梨；❹ 桃；❺ 覆盆子

爬行动物和两栖动物

动物俗语

❶ 七寸；❷ 蛇；❸ 蛇；❹ 癞蛤蟆；❺ 癞蛤蟆；❻ 蛇

软体动物

是谁偷吃了卷心菜

沿2号路线出发，小偷是蜗牛A。

鸡蛋，鸡

不速之客

LA CHASSE À L'OS

破壳而出

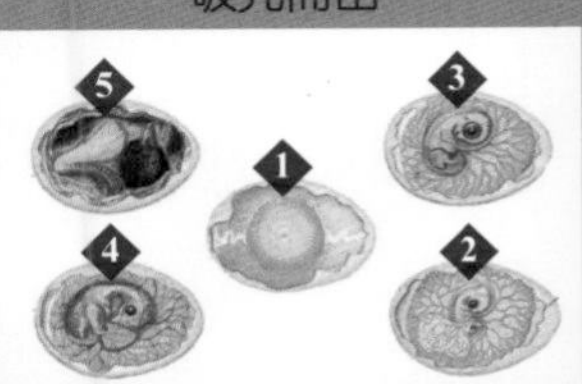
5
3
1
4
2

菌 类

我是谁

❶ 硫色口蘑；❷ 平菇；❸ 鸡油菌；❹ 毒蝇鹅膏；❺ 鳞皮扇菇

毒蘑菇有危险

有毒的是第2株菌丛。

蠕 虫

是真还是假

❶ 对，这种蠕虫会在我们食用某些未经消毒的食物时进入人体；

❷ 错，这是一种环状蠕虫，身体由小环组成；

❸ 对；❹ 对

图书在版编目（CIP）数据

戴罗勒自然科学课（全2册）/法国戴罗勒之家著；
马由冰译. -- 福州：海峡书局，2022.1
ISBN 978-7-5567-0874-1

Ⅰ. ①戴… Ⅱ. ①法… ②马… Ⅲ. ①自然科学－少
儿读物 Ⅳ. ①N49

中国版本图书馆CIP数据核字(2021)第193267号

Author: Deyrolle
Title: Le Grand livre d'activités Deyrolle volumes 01 et 02

著作权合同登记号 图进字13-2021-080

出 版 人：林 彬
选题策划：北京浪花朵朵文化传播有限公司
出版统筹：吴兴元
编辑统筹：彭 鹏
责任编辑：廖飞琴 魏 芳
特约编辑：常 瑱
营销推广：ONEBOOK
装帧制造：墨白空间·郑琼洁

戴罗勒自然科学课（全2册）
DAILUOLE ZIRAN KEXUE KE (QUAN LIANGCE)

著 者：法国戴罗勒之家
译 者：马由冰
出版发行：海峡书局
地 址：福州市白马中路15号海峡出版发行集团2楼
邮 编：350001
印 刷：天津市豪迈印务有限公司
开 本：787mm×1092mm 1/8
印 张：12
字 数：120千字
版 次：2022年1月第1版
印 次：2022年1月第1次
书 号：ISBN 978-7-5567-0874-1
定 价：138.00元（全2册）

读者服务：reader@hinabook.com 188-1142-1266
投稿服务：onebook@hinabook.com 133-6631-2326
直销服务：buy@hinabook.com 133-6657-3072
官方微博：@浪花朵朵童书

40张

有趣的贴纸！

你可以在本书的活动中使用这些贴纸。

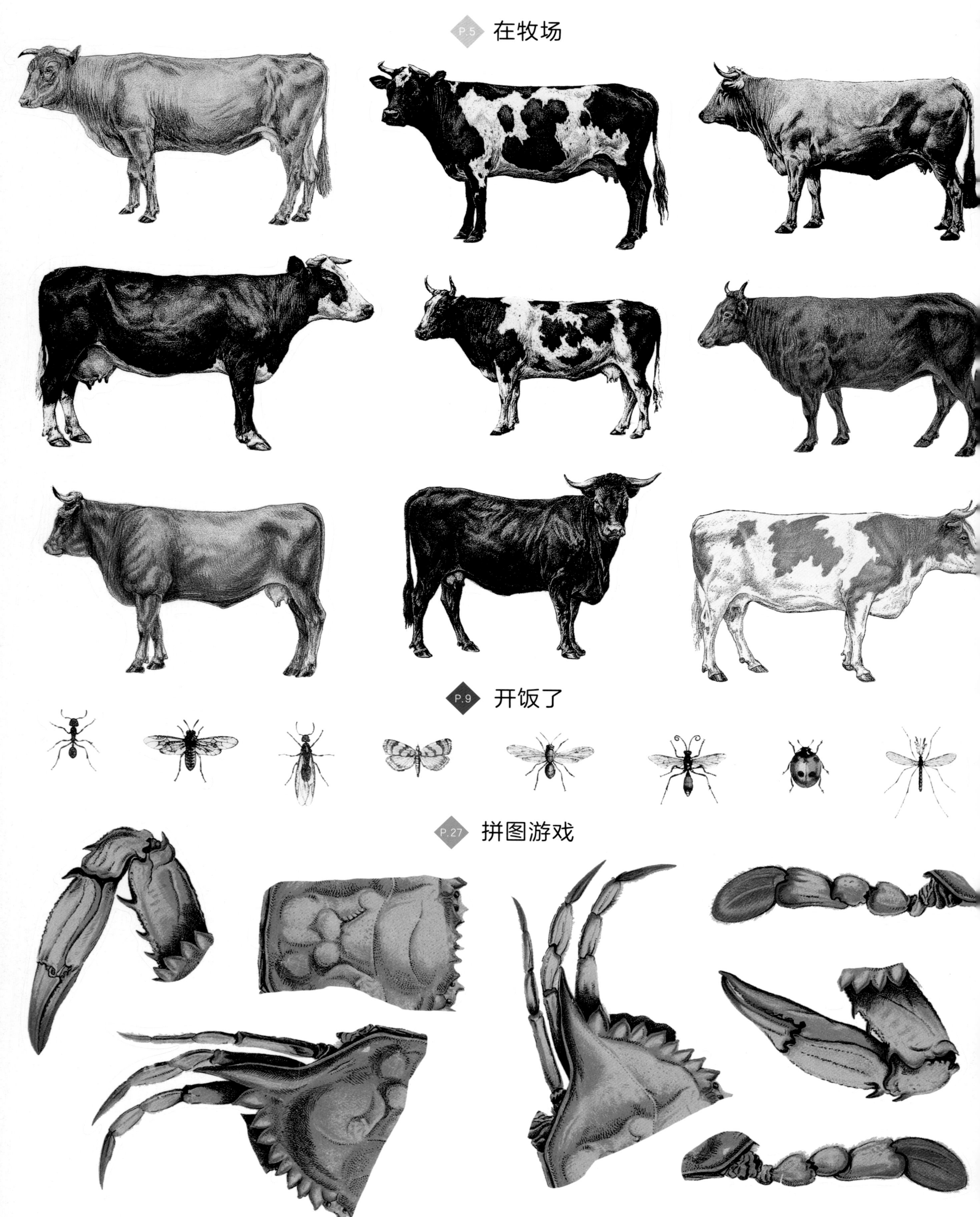
P.5 在牧场
P.9 开饭了
P.27 拼图游戏

P.35 果酱大王
你还可以按照自己的喜好使用下列贴纸来装饰这本书！